Dennis Schüler

Die Imker-
sprechstunde

Rat und Tat
vom Bienenprofi

KOSMOS

Inhalt

Über mich und mein Buch

Mit der Imkersprechstunde halten Sie mein erstes Buch in Händen. Dieses Buch soll Ihnen bei der Arbeit an den Bienenvölkern und der Verarbeitung der Bienenprodukte eine Hilfe sein, und ich möchte versuchen, Ihnen viele Fragen zu beantworten.

Meine Betriebsweise

Sicherlich ist es schwierig, ein Imkerbuch zu schreiben, das jedem gerecht wird. Darum möchte ich mich und meinen Betrieb kurz vorstellen, denn dieses Buch spiegelt viele Facetten meiner täglichen Arbeit wieder:

Nach abgeschlossener Berufsausbildung und Praktika in verschiedenen Imkereien in Deutschland und Australien betreibe ich in Münster/Westfalen eine Erwerbsimkerei mit bis zu 400 Bienenvölkern als Familienunternehmen. Die Bienenvölker halte ich überwiegend in Kunststoffbeuten auf Deutsch-Normal-Maß, daneben einige Völker auf Zander und in Holzbeuten. Für meine Betriebsweise ist das gleiche Wabenmaß im Brutraum wie im Honigraum unerlässlich und im strukturreichen Münster-

land eine Wanderung der Völker über große Entfernungen nicht notwendig.

Neben der Honiggewinnung biete ich regelmäßig Anfängerkurse an, sodass bald die Idee zu diesem Buch geboren war. Da die Neuimker nach immer mehr Bienenvölkern anfragten, habe ich mich inzwischen auf die Völkervermehrung und Königinnenzucht konzentriert, um hier mit sanftmütigem Bienenmaterial den Einstieg zu erleichtern.

Beobachten und verstehen

Bei der Bienenhaltung kommt es in großem Maße auf eine gute Beobachtungsgabe und viel „Einfühlungsvermögen" an. Diese Fähigkeiten sind oftmals wichtiger als viel Kraft und Tatendrang. Bienen sind nicht reglementierbare, wilde Tiere. Wir können den Tieren nicht vorschreiben, was sie zu tun oder zu lassen haben – wir können nur versuchen, die Bienen dazu zu bewegen, in unserem Sinne zu handeln. Dafür müssen wir lernen, die Abläufe in einem Bienenvolk zu verstehen, um entsprechend die Weichen für unsere Ziele zu stellen.

Mit jedem Eingriff am Bienenvolk machen wir den Tieren ein Angebot. Damit dieses Angebot auch angenommen wird, muss es auf die Bedürfnisse der Bienen abgestimmt sein und in ihre Biologie hineinpassen. Sonst läuft unser Versuch der Regulierung ins Leere und die Bienen handeln „nur" ihrer Natur entsprechend.

Dieses Buch soll für Sie ein Leitfaden sein, Ihre Bienenvölker im Einklang mit den Bedürfnissen dieser Tiere zu führen und sich mit Freude und Erfolg dieser faszinierenden Freizeitbeschäftigung zu widmen. Ich wünsche Ihnen dabei viel Vergnügen.

Beobachten ist das Wichtigste!

Bevor ich die Beute öffne ...

Durch aufmerksames Beobachten lässt sich oft schon am Flugloch ablesen, wie es um ein Bienenvolk bestellt ist: Hat es eine Eier legende Königin? Sind die Bienen gesund? Passt das Beutenvolumen zur Volksstärke? Oder liegt gar Schwarmstimmung vor? All das und noch viel mehr kann der aufmerksame Imker allein durch genaues Beobachten und Deuten erkennen.

Was erkenne ich am Flugloch?

Hier gilt es genau hinzuschauen, um am Verhalten der Bienen wichtige Anhaltspunkte für das weitere Vorgehen zu erkennen. Immer wieder neigen Imker und Imkerinnen dazu, direkt die Beute zu öffnen, und versäumen dabei, am Flugloch wie in einem offenen Buch zu lesen. Die hier zu entdeckenden Erkenntnisse ersparen aber bei der Kontrolle des Volkes viel Arbeit und verkürzen die Dauer der Störung für die Bienen deutlich. Wir sollten deshalb an dieser Stelle dem Bienenvolk einmal „ins Gesicht" schauen und uns den Bienen durch das Flugloch nähern. So können schon vor dem ersten Handgriff wertvolle Erkenntnisse gewonnen und die richtigen Vorbereitungen getroffen werden.

Was sagen Kotspuren am Flugloch?

Während eines langen Winters nimmt die Ungeduld eines jeden Imkers stetig zu: Werden die Bienen die kalte Jahreszeit gut überstanden haben und gibt es im Volk eine Eier legende Königin? Noch sind die Temperaturen zu niedrig, um die Beute zu öffnen und nachzuschauen. Doch mit den ersten warmen Sonnenstrahlen zeigen sich zunächst vereinzelt, dann plötzlich in großer Zahl die Winterbienen am Flugloch. Es ist der erste Ausflug des Jahres. Zunächst fliegen die Bienen nur eine kurze Strecke, um ihre Kotblase zu entleeren. Die dunkelgelben Kotspritzer werden meist in unmittelbarer Nähe zum Bienenstand abgesetzt, oft sogar auf der Beute. Diese Kotspuren schauen wir uns etwas genauer an:

Mäuse verraten ihre Anwesenheit häufig durch Reste zerfressener Waben und Nistmaterial.

Im Inneren der Beute zeigt sich dann das Ausmaß der Zerstörung durch die Mäuse.

Kotspritzer auf Rähmchen und Wabenteilen deuten auf stressbedingten Durchfall z.B. durch Mäuse oder auf Nosemose als parasitäre Erkrankung hin.

Stark verkotete Waben müssen entfernt und vernichtet werden, um die Keimbelastung zu verringern und die Gesundung der Bienen zu fördern.

Gesamter Fluglochbereich verschmutzt?

Dies deutet auf eine Durchfallerkrankung wie Nosemose (ältere Bezeichnung: Nosematose) oder Ruhr hin. Oft ist in diesem Fall das Bienenvolk über den Winter deutlich kleiner geworden und auch im Stockinneren finden sich verkotete Waben und auf dem Bodenbrett viele tote Bienen. Soll das Volk noch eine Chance bekommen, muss hier gehandelt werden, um die Selbstheilungskräfte der Bienen zu aktivieren: Die toten Bienen sowie die stark verkoteten Waben müssen aus dem Volk entfernt und die Waben eingeschmolzen und somit vernichtet werden. So wird die Sporenbelastung deutlich vermindert. Das Beutenvolumen wird verringert und der Bodenschieber geschlossen, damit das dann enger und wärmer sitzende Bienenvolk weniger Energie für die Erhaltung der Brutnesttemperatur aufbringen muss und so die Kräfte der verbliebenen Winterbienen geschont bleiben. Eine starke Frühtracht aus Weiden, Obstblüten und Löwenzahn begünstigt den Pollen- und Nektareintrag und damit die Brutaktivität, so dass die bald schlüpfenden Jungbienen die alten Winterbienen ersetzen. Hier zeigt sich bereits, wie wichtig es ist, die Bienen kontinuierlich zu beschäftigen und so den Bienenumsatz möglichst hoch zu halten. Je mehr die einzelne Biene zu tun hat, desto früher wird sie sterben und trägt dadurch zur Gesunderhaltung des ganzen Volkes bei, denn viele Krankheitserreger entwickeln sich nur langsam. Stirbt eine erkrankte Biene bevor ein Keim sich vermehren und ausbreiten kann, bleibt das ganze Volk vor Ansteckung geschützt.

Nur einzelne Kotspuren?

Gerade im Frühjahr während der ersten Reinigungsflüge finden sich auch immer einzelne Kotspuren im Fluglochbereich. Das ist noch kein Grund zur Besorgnis, muss aber weiter beobachtet werden. Nur wenn sich das Bild dramatisch verschlechtert und alle Versuche, die Selbstheilungskräfte zu aktivieren, fehlschlagen, gilt es, ein stark an Ruhr oder Nosemose erkranktes Volk abzutöten und alle Waben zu vernichten (Wachsverarbeitung siehe Seite 121).

Unter keinen Umständen dürfen verkotete Waben in andere Völker eingebracht oder sogar ein krankes Volk mit einem gesunden

Bienenvolk vereinigt werden. Ein solches Vorgehen würde nur dem gesunden Volk schaden, das erkrankte aber keinesfalls retten. In einem solchen Fall müssen beherzte Entscheidungen getroffen werden.

Mögliche Ursachen? Doch nicht jede verkotete Wabe muss ein sicherer Hinweis auf eine Erkrankung der Bienen sein. Als weitere Ursachen kommen Störungen der Winterruhe in Betracht, wie sie zum Beispiel durch Mäuse oder Spechte verursacht werden. Durch diese Störungen bedingt kann es ebenfalls zu Kotspritzern im Wintersitz der Bienen kommen. Ob Mäuse im Spiel waren, zeigt sich ebenfalls schon am Flugloch und im Inneren der Beute an dem zurückgelassenen Mäusekot sowie an zerfressenen Waben. In vielen Fällen finden sich Nistmaterial und Wabenteile bereits vor der Beute. Hier handelt es sich also um stressbedingten Durchfall und nicht um eine durch Keime verursachte Erkrankung. Alle verschmutzen und angefressenen Waben werden in einem solchen Fall entfernt, das Bodenbrett gesäubert und das Volk ggf. eingeengt.

Werden tote Bienen hinausgetragen?

Lassen sich am Flugloch Arbeiterinnen beobachten, die vor allem nach dem Winter tote Bienen hinaustragen, stellt dies keinen Grund zur Besorgnis dar. Das Putzen des Nestes und das Hinaustragen der Toten gehört zu den Aufgaben der Stockbienen und deutet nicht auf einen besonderen Schaden im Volk hin. Im Gegenteil: Ein ausgeprägter Putztrieb verhindert die Ausbreitung von Erkrankungen. Zwar verendet die Mehrzahl der Bienen außerhalb der Beute, aber eben nicht alle. Auch stirbt ein Teil der Brut während der Entwicklung ab und muss entsorgt werden. Jüngere Larven und Puppen werden von den Stockbienen einfach aufge-

Werden vereinzelt tote Bienen aus der Beute getragen, muss man sich keine Sorgen machen: Das Volk räumt nur auf.

fressen. So wird das wertvolle Eiweiß recycelt. Ältere Puppen und erwachsene tote Bienen müssen hinausgetragen werden. Fluglochkeile oder Absperrgitter stellen dabei manchmal eine nur mühsam zu überwindende Barriere dar und können schlimmstenfalls sogar mit toten Bienen verstopft sein. Hier muss zumindest nach dem Winter eine Kontrolle durchgeführt und gegebenenfalls eingegriffen werden. Das Flugloch einengende Holzkeile sind als Mäuseschutz während der Wintermonate auf jeden Fall besser geeignet als ein enger Maschendraht, der sich leichter zusetzt und den Bienen den Ausgang versperrt.

Kommen Sammlerinnen mit Pollenhöschen zurück?

Schon kurz nach den Reinigungsflügen sehen wir die ersten Arbeiterinnen mit zunächst meist kleinen Pollenhöschen ins Flugloch zurückkehren. Das ist das Zeichen, auf das wir sehnsüchtig gewartet haben, zeigt es uns doch, dass es im Inneren des Bienenstocks bereits ein Brutnest geben muss. Denn nur wenn Bedarf an Blütenstaub besteht, wird dieser auch gesammelt. Der eingetragene Pollen wird von den Ammenbienen konsumiert, um aus dem eiweißreichen Futter hochwertigen Futtersaft zu erzeugen, mit dem dann die Larven versorgt werden. Wird viel Pollen herangeschafft, deutet dies auf ein entsprechend großes Brutnest mit vielen Larven hin.

Allerdings können wir uns nur im Frühjahr auf die Richtigkeit dieser Deutung verlassen. Im Sommer wird auch dann Pollen eingetragen, wenn das Volk gerade keine Eier legende Königin hat oder sogar drohnenbrütig ist.

An den unterschiedlichen Pollenfarben zeigt sich die Vielfalt der gefundenen Nahrungsquellen. Auch hier gilt es wieder, genau hinzuschauen, denn die meisten Frühblüher bieten gelben Blütenstaub an. Feine Farbnuancen verraten die verschiedenen Pollenherkünfte.

Bienen die mit Pollen beladen ins Flugloch schlüpfen, bringen Pollen für die Larvenaufzucht – im Frühjahr ein sicherer Hinweis auf den Beginn der Brutaktivität. Denn nur bei Bedarf an Blütenstaub wird dieser auch von den Arbeiterinnen gesammelt und in den Stock gebracht.

Übersicht: Blüte – Biene mit Pollen

Die farbigen Pollenhöschen verraten oft, auf welcher Pflanze die Biene ihre Nahrung gesammelt hat: Hier sehen wir die Pollenpäckchen mit den dazuwgehörenden Blüten:

1: Apfel (sattgelb)
2: Löwenzahn (leuchtend orange)
3: Raps (hellgelb)
4: Rosskastanie (karminrot)
5: Weißklee (braun)
6: Kirsche (braungelb)

Sehe ich Drohnen am Flugloch?

Manchmal zeigen sich an milden Tagen im Februar bereits vereinzelte Drohnen. Das muss aber noch kein Anlass zur Sorge sein, denn immer wieder kommt es vor, dass in einzelnen Bienenvölkern Drohnen auch über den Winter geduldet und von den Arbeiterinnen versorgt werden. Sind es jedoch mehr als nur ein paar vereinzelte Tiere, deutet dies auf eine Fehlentwicklung im Bienenvolk hin. Es kann sein, dass die vorhandene Königin zum Teil unbefruchtete Eier legt und sich aus diesen in der Folge männliche Tiere entwickeln. Ist die Zahl der Drohnen zu hoch, kann dies den Fortbestand des Volkes gefährden, doch lässt sich hier so früh im Jahr noch nicht korrigierend eingreifen.

Drohnenbrütig – Buckelbrütig

Als drohnenbrütig wird ein Bienenvolk bezeichnet, dessen Königin überwiegend oder ausschließlich unbefruchtete Eier legt. Hier kann versucht werden, durch Austausch der Königin das Volk zu erhalten. Von Buckelbrütigkeit spricht man dagegen bei Völkern mit Eier legenden Arbeiterinnen, aus denen sich ebenfalls Drohnen entwickeln. Diese Völker können nur noch aufgelöst werden.

Gelegentlich kommt es während des Winters auch zum Verlust der Stockmutter. Dieser Verlust kann von den Bienen dann nicht kompensiert werden und es entsteht allen-

In einem drohnenbrütigen Volk entstehen Drohnenzellen inmitten der Arbeiterinnenbrut.

falls eine unbegattete Nachschaffungskönigin. Diese vermag jedoch nur unbefruchtete Eier zu legen, aus denen dann wiederum Drohnen schlüpfen. Das Volk beherbergt dann zunehmend mehr Drohnen und muss vom Imker aufgelöst werden.

Ist keine neue Königin entstanden und fehlt über einen längeren Zeitraum das Pheromon der Königin zur Unterdrückung der Entwicklung der Eierstöcke bei den Arbeiterinnen, beginnen diese zum Teil selbst mit der Eiablage. Wiederum handelt es sich um unbefruchtete Eier und auch hier entstehen nur Drohnen. Man spricht dann von einem drohnenbrütigen bzw. buckelbrütigen Volk, das ebenfalls aufgelöst werden muss. (Wie mit einem aufzulösenden Volk verfahren wird, lesen Sie auf Seite 21.)

In beiden Fällen ist auffällig, dass keine heimkehrenden Arbeiterinnen mit Pollenhöschen am Flugloch zu beobachten sind. Dies ist immer ein Hinweis auf eine Störung des Volksgefüges und muss näher in Augenschein genommen werden.

Kalkbrutmumien vor dem Flugloch: Durch Austausch der Königin und einen trockenen Standort lässt sich dieses Problem beseitigen.

Kalkbrutmumien vor dem Flugloch?

Eine immer wieder auftretende Erkrankung der Bienenlarven ist die Kalkbrut. Dabei handelt es sich um einen Pilz, der die Larven durchwächst und zu deren Absterben führt. Putzbienen tragen einen Teil dieser als Kalkbrutmumien bezeichneten toten Larven heraus, bei starkem Auftreten häufen sich diese dann vor den Fluglöchern und auf dem Boden. Zum Ausbruch dieser Brutkrankheit führt oft ein ungünstiger Standort, an dem es zu feucht ist und an dem die Bienen kein optimales Stockklima aufrecht erhalten können. Daneben gibt es genetisch bedingte Ursachen, sodass häufig schon das Auswechseln der Königin Abhilfe schafft.

Normaler Flugbetrieb oder Räuberei?

Insbesondere schwächere Bienenvölker und Ableger sind gefährdet, von stärkeren Völkern überfallen und ausgeraubt zu werden. Nicht immer zeigt sich dieses Phänomen in einem offensichtlichen Überfall, bei dem Hunderte und Tausende von Bienen anderer Völker durch das Flugloch oder eine andere Öffnung eindringen, die Wächterinnen und viele Stockbienen töten und sich über die Honigvorräte hermachen. Manchmal geht die Räuberei eher schleichend vonstatten und bei der nächsten Kontrolle finden sich nur noch eine leere Beute und ausgefressene Waben. Anzeichen für eine Räuberei lassen sich abermals bereits am Flugloch erkennen: Einzelne Bienen versuchen, das Flugloch gegen Eindringlinge von außen zu verteidigen, doch kommen mehr Räuberbienen angeflogen als abgewehrt werden können. Es kommt zu Kämpfen, die ihre Opfer fordern und Spuren hinterlassen.

Werden Bienenvölker beräubert, versuchen die Fluglochwachen die Eindringlinge abzuwehren.

Diese Spuren sind neben toten Bienen viele kleine Wachsteile im Fluglochbereich und davor sowie im Unterboden der Beute. Die Räuber öffnen die Zellen mit Honigvorräten und lassen das Wachs einfach zu Boden fallen. Gelegentlich ist das Anflugbrett sogar durch Honigreste klebrig verschmiert.

Räuberei vorbeugen oder verhindern Um das Problem gar nicht erst entstehen zu lassen, empfiehlt es sich, die Fluglöcher stets eng zu halten. Je nach Volksstärke kann das richtige Maß wenige bis nur einen Zentimeter betragen. Als Faustregel lässt sich sagen: Je besetzter Wabe in der Beute sollte die Öffnung einen Zentimeter in der Breite betragen. Ist die Räuberei erst einmal ausgebrochen, muss das Flugloch so stark eingeengt werden, dass nur noch eine Biene hindurchpasst, ggf. muss das betroffene Volk sogar an einen anderen Standort gebracht werden, um es zu retten. Bricht die Räuberei während der Arbeit an den Völkern aus, muss diese für den Tag beendet werden. Auf die Gabe von Futter oder den Einsatz von Varroa-Bekämpfungsmitteln muss ebenfalls vorübergehend verzichtet werden, beeinträchtigen diese doch das Volksgefüge und damit die erfolgreiche Fluglochverteidigung.

> **Fluglochgröße**
> Ein in der Größe auf die Volksstärke abgestimmtes Flugloch verhindert den Ausbruch einer Räuberei. Es gilt: Je besetzter Wabe beträgt die Fluglochöffnung einen Zentimeter.

Was verrät der Arbeitseifer der Bienen?

Der Flugbetrieb verrät uns viel über den Zustand im Bienenvolk: Sind die Arbeiterinnen fleißig mit der Beschaffung von Nektar und Pollen beschäftigt, gibt es keinen Anlass zur Beunruhigung. Das Volk findet reichlich Nahrung und die Königin geht der Eiablage nach.

Eine Gemüllschublade im Beutenboden verrät uns, wie es um das Volk bestellt ist.

Fliegen die Bienen eifrig ein und aus und bringen Pollen, geht es dem Volk gut.

Doch gelegentlich fällt auf, dass die Arbeiterinnen eines Volkes im Vergleich zu denen anderer Völker weniger eifrig sind und in mehr oder weniger großer Zahl auf dem Anflugbrett sitzen und verweilen. Irgendetwas scheint hier nicht zu stimmen. Gerade im Mai und Juni sollten Sie aufmerksam sein und sich diesem Volk besonders widmen, denn wahrscheinlich liegt hier Schwarmstimmung vor. Die Bienen bereiten sich auf den Auszug des Schwarms in den nächsten Tagen oder Stunden vor und schränken ihre Aktivität auffallend ein, während die anderen Völker unvermindert weiter sammeln und fliegen.

Verlust der Königin Eine andere Ursache für geringere Aktivität kann im Verlust der Königin liegen. Solange es keine neue Stockmutter gibt und diese mit dem Ablegen der ersten Eier begonnen hat, ist auch hier der Sammeleifer eingeschränkt. Denn ein Bienenvolk ermittelt immer auch den Bedarf an „Konsumgütern", also Pollen und Nektar. Wird wenig oder gar nicht gebrütet, ist auch der Bedarf vor allem an Pollen gering und es wird weniger intensiv gesammelt. Weitere Anzeichen zur Klärung finden wir im Inneren der Beute, und so beginnen wir unsere Kontrolle bei diesem Volk, um herauszufinden, welche Ursachen für den geringen Flugbetrieb verantwortlich sein könnten (vgl. Drohnenrahmen Seite 37).

Was erkenne ich auf dem Bodenschieber?

Moderne Beuten verfügen über Gemüllschubladen (Windel), die unter dem offenen Gitterboden von der Rückseite der Beute eingeschoben werden können und eine Fülle an Information für den Imker bereit halten. Diese Schubladen sollten für jeweils etwa eine Woche eingesetzt und dann ausgewertet werden. So können wir sehen, wo z.B. in der Beute das Brutnest zu finden ist, ob gebaut wird oder wie hoch der Milbendruck im Volk ist. Es kann hilfreich sein, hier eine Lupe zu verwenden, um auch kleine, versteckte Hinweise zu entdecken.

Zelldeckel und Wachsschüppchen

Klar zu erkennen sind meist die parallel verlaufenden Streifen aus kleinen braunen Wachsteilen, die auf die Ausdehnung des Brutnestes hinweisen. Diese Krümel stammen vom Wachs der Deckel von Arbeiterinnenzellen, das von den Bienen geschrotet wird und zum Teil zu Boden fällt. Aus den Gassen bebrüteter Waben fallen diese Krümel durch das Bodengitter auf die Schublade und wir können den Umfang des Brutnestes abschätzen. Insbesonders bei Völkern mit nur einer Brutzarge kann hier überschlagen werden, wie viele Brutzellen vorhanden sind. Bei Deutsch-Normal-Maß-Waben kann man mit rund 3.000 Brutzellen auf einer gesamten Wabe rechnen. Gerade im Frühjahr ist es interessant zu erfahren, welche Ausdehnung das Brutnest

Das Gemüll auf dem Bodenschieber zeigt den Sitz und die Stärke des Bienenvolkes an. Wo es sich konzentriert, befindet sich das Brutnest.

bereits hat, und bei der Frage einer möglichen Erweiterung ist dies eine willkommene Hilfestellung. Später im Jahr geht es darum zu entscheiden, ob ein Volk auf einer oder doch besser auf zwei Zargen überwintern soll.

Auf der Schublade finden sich häufig runde Zelldeckel von Brutzellen. Diese stammen von Drohnenzellen und deuten entsprechend auf Drohnenbrut hin. So zeigen sich neben den Drohnenrahmen auch versteckte Drohnenbrutnester im Bereich der Arbeiterinnenbrut, ohne dass jede Wabe herausgenommen werden muss. Waben mit solchen Drohnenbrutnestern sollten bei nächster Gelegenheit aussortiert werden, um hier den Varroamilben keine Rück-

Faustregel Überwinterungsgröße

Hat ein Volk am 1. August acht oder mehr Brutwaben, kommt eine zweizargige Überwinterung infrage, bei weniger als acht Brutwaben wird auf einer Zarge überwintert. Sind es weniger als fünf Brutwaben, sollte das Volk verstärkt oder aufgelöst bzw. mit einem anderen Volk vereinigt werden.

Natürlicher Milbentotenfall

Der tägliche natürliche Milbenfall sollte im Sommer den Grenzwert von fünf Milben nicht überschreiten, nach Abschluss der Behandlungsmaßnahmen dürfen im Herbst nur noch 0,5 Milben pro Tag auf der Schublade zu finden sein. Andernfalls muss eine Nachbehandlung durchgeführt werden. Geeignete Maßnahmen zur Varroabehandlung finden Sie ab Seite 72.
(Quelle: Varroa unter Kontrolle, AG der Institute für Bienenforschung, Seite 5)

zugs- und Vermehrungsmöglichkeiten zu bieten, denn die Drohnenbrut wird von den Milben hierfür bevorzugt.

Neben hinuntergefallenem Altwachs finden sich bei genauem Hinsehen kleine transparente Wachsschüppchen. Dabei handelt es sich um frisch erzeugtes Bienenwachs, das anfangs noch farblos erscheint und beim Bau von Waben hinuntergefallen ist. Aus Menge und Position der gefundenen Wachsschüppchen können Rückschlüsse auf die Bauaktivität der Bienen gezogen

werden. Je mehr frisches Wachs zu finden ist, desto besser ist es um das Volk bestellt. Ausschließlich gesunde und vor allem junge Bienen sind mit dem Wabenbau befasst, allerdings nur bei entsprechendem Bedarf, also bei Brutaktivität oder einem hohen Nektareintrag, für den neue Honigwaben gebaut werden müssen.

1. Die Gemüllstreifen zeigen an, wo das Bienenvolk sitzt, wie stark es ist und ob gebrütet wird.
2. Frische Wachsschüppchen deuten auf Bauaktivität hin. Je mehr davon zu finden sind, desto besser geht es dem Volk
3. Bienenwachs wird von jungen Stockbienen aus Drüsen an der Bauchseite abgegeben und dann zu Waben verarbeitet.

Varroamilben

Besonderes Augenmerk gilt der Anzahl der Varroamilben auf der Bodenschublade. Dieser Bienenschädling kommt in allen Bienenvölkern während des ganzen Jahres vor und muss stets unter Beobachtung stehen, damit er sich nicht unkontrolliert vermehrt und das Bienenvolk zu stark schädigt. Ohne Eingriff durch den Imker verdoppelt sich

Gut zu erkennen sind die Gemüllstreifen, die sich unterhalb der Wabengassen gebildet haben.

Feine transparente Wachsschüppchen zeigen an, wo und in welchem Umfang gebaut wird.

die Milbenzahl in einem brütenden Volk alle vier Wochen, sodass es schnell zu hohen Milbenzahlen kommt. Durch geeignete Maßnahmen muss die Varroapopulation stetig reduziert werden. Bestimmte Grenzwerte des natürlichen Milbentotenfalls dürfen dabei nicht überschritten werden, da sonst die Zukunft des ganzen Bienenvolkes gefährdet ist. Gegebenenfalls muss bei einem hohen Befallsgrad sofort gehandelt und auf eine spätere Honigernte verzichtet werden.

Pollenhöschen

Wie schon am Flugloch, so findet sich auch auf der Schublade eine Vielzahl von Pollenhöschen, die beim Versuch der Bienen, diese in den Wabenzellen zu lagern, hinuntergefallen sind. Hier kann man sich einen guten Überblick über die Vielfalt der besuchten Blüten machen und hat Gelegenheit, frischen Pollen zu naschen. Sind Pollenhöschen vorhanden, ist dies ein Hinweis darauf, dass keine Räuber (Ameisen, Wespen) Zugang zur Schublade hatten und sich hier bedient haben. Der herabgefallene Pollen ist nämlich eine begehrte Eiweißquelle und gehört damit zur bevorzugten Beute für Räuber in einem Bienenvolk. Erst wenn keine Pollenhöschen mehr im Bodengemüll zu finden sind, machen sich Räuber über die möglicherweise hier liegenden toten Bienen her und erst anschließend über die Varroamilben. Wir können also nur dann von einem repräsentativen Wert der gefundenen Milben ausgehen, wenn wir auf der Schublade auch Pollenhöschen finden.

Bienen oder Bienenteile

Gelegentlich finden sich die abgetrennten Köpfe toter Bienen im Gemüll, der Rest fehlt jeweils. Dies ist ein sicherer Hinweis auf Spitzmäuse, die sich an den Bienen gütlich getan haben. Sie fressen die Körper der Bienen und lassen nur die Köpfe und zum Teil die Extremitäten zurück. Neben Mäusen, Wespen und Ameisen finden wir aber noch weitere Räuber und Bewohner im Gemüll, so zum Beispiel Bücherskorpione, Ohrenkneifer und Milben, die sich vom organischen Material ernähren, das die Bienenvölker zu Boden fallen lassen. Sie stellen allesamt aber keine Gefahr für die Bienen dar, sondern sorgen für die Beseitigung dieses Abfalls.

Aus der Anzahl der Varroamilben können Rückschlüsse auf den Gesamtbefall gezogen werden.

Gibt es Pollenhöschen auf der Schublade, war kein Räuber am Werk.

Das erste Öffnen der Beute im Frühjahr

Auf diesen Moment wartet jeder Imker im Frühjahr gespannt: der erste Blick ins Volk. Wie geht es den Bienen? Wurde bei der Einwinterung alles richtig gemacht? Und wurden die Beobachtungen am Flugloch auch richtig gedeutet?

Was sehe ich am Volk?

Nach den Beobachtungen am Flugloch und der Kontrolle des Bodenschiebers ist es nun Zeit, die Beute erstmals zu öffnen, um weitere Kontrollen am Bienenvolk durchzuführen und eventuell erste Arbeiten zu verrichten. Die Bienen vertragen auch bei niedrigen Temperaturen diese Kontrollen am Volk, doch sollten sie auf ein Minimum beschränkt bleiben, um keinen unnötigen Wärmeverlust zu verursachen. Direkt unter dem Beutendeckel liegt eine durchsichtige Folie auf den Rähmchen, die ein Verbauen der Holzrahmen mit dem Deckel verhindert. Durch die-se Folie lässt sich abschätzen, wie stark das Bienenvolk ist: Besetzt es hier alle Wabengassen? Wo befindet sich das Brutnest und welchen Umfang mag es haben? Weitere wichtige Fragen bei der ersten Kontrolle im Frühling sind die nach der Weiselrichtigkeit des Volkes und nach dem ausreichenden Futtervorrat zum Ende des Winters.

Wird schon gebrütet?

Die begonnene Brutaktivität ist bereits durch die Folie zu erkennen. Einen wichtigen Hinweis auf vorhandene Brut, insbesondere auf verdeckelte Brut, stellt Kondenswasser unter der Abdeckfolie dar. Die durch die Brutaktivität erzeugte Wärme lässt Wasserdampf entstehen, der sich hier als Kondenswasser niederschlägt. Es wird also bereits gebrütet. Der Umfang des Brutnestes lässt sich dann durch Auflegen der flachen Hand auf die Folie erfühlen. Nur im Brutbereich wird die Folie darüber deutlich warm sein. So kann leicht der Brutumfang abgeschätzt werden, ohne das Volk zu öffnen oder gar Waben herauszuziehen.

Temperaturregulierung in der Beute

Ein Bienenvolk in der Wintertraube besteht im Mittel aus etwa 8.000 Tieren, die Bandbreite reicht dabei von 3.000 bis zu 12.000

Wann das erst Mal öffnen?

Grundsätzlich kann ein Bienenvolk zu jeder Jahreszeit geöffnet werden, doch sollte bei Temperaturen unter zehn Grad oder starken Niederschlägen darauf verzichtet werden. Die erste Kontrolle wird erst nach dem Reinigungsflug durchgeführt, also erst nachdem die Winterbienen ihre Kotblasen entleeren konnten. So bleibt die Gefahr des spontanen Abkotens innerhalb der Beute gering und die Waben bleiben sauber.

Individuen. Den weitaus größten Teil machen dabei Arbeiterinnen aus, nur in Ausnahmefällen, und dann auch nur vereinzelt, finden sich Drohnen im überwinternden Volk. Daneben gibt es außerdem eine begattete Königin.

Die Tiere haben während der kalten Jahreszeit ihr Brutgeschäft eingestellt und von den Vorräten des vergangenen Sommers gelebt. Mit den ersten milden Tagen nimmt die Königin das Brutgeschäft wieder auf, die ersten Eier werden gelegt und ein kleines Brutnest muss gewärmt werden. Damit verbunden steigt der Futterbedarf und die Gefahr, dass die Bienen bei noch einmal fallenden Außentemperaturen den direkten Kontakt zu den Vorratswaben verlieren. Sobald gebrütet wird, stehen die Bienen vor einem Dilemma: Einerseits darf die Brut nicht vernachlässigt werden und auskühlen, die Bienen müssen die Wintertraube also wieder enger schließen. Andererseits darf der unmittelbare Kontakt zu den Futterwaben nicht unterbrochen werden. Den Bienen ist es bei niedrigen Temperaturen unmöglich, über eine leere Wabe zur nächsten Futterwabe zu wechseln. Hier kann der Imker unterstützend eingreifen, indem er das brütende Bienenvolk bei frostigen Temperaturen vor der Kälte schützt, beispielsweise durch einen geschlossenen Bodenschieber. So können Brut- und Bienenverluste minimiert werden.

Solange nicht gebrütet wird, bleibt der Bodenschieber geöffnet, die Bienen überwintern kalt über dem offenen Gitterboden. Eine kalte Überwinterung bringt gleich mehrere Vorteile mit sich: Zum einen wird das Brutgeschäft im Herbst früh eingestellt und damit die Energiereserven

Bereits durch die Abdeckfolie lässt sich die Volksstärke einschätzen.

Mit etwas Rauch werden die Bienen zurückgedrängt, um eine erste Kontrolle vornehmen zu können: Hat die Königin schon Eier gelegt?

Auch wenn hier alle Wabengassen besetzt sind, für eine Erweiterung ist es noch zu früh.

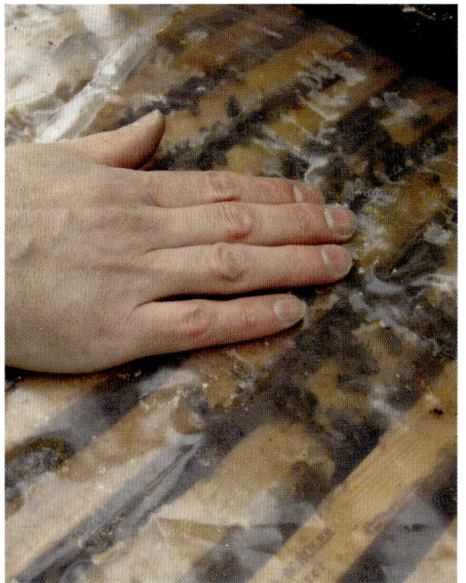

Mit der flachen Hand lässt sich das Brutnest schnell finden: Hier ist es besonders warm. Der Eingriff am Volk kann durch diesen einfachen Test auf ein Minimum begrenzt werden.

Kondenswasser unter der Folie ist ein sicheres Anzeichen für die begonnene Brutaktivität. Wasserdampf aus dem Brutnest schlägt sich hier nieder.

der Bienen und die Wintervorräte geschont. Je länger dieser brutfreie Zustand anhält, desto weniger Varroamilben werden diesen Winter überstehen. Zum anderen bringt ein geringer Futterverbrauch auch eine minimale Belastung der Kotblase jeder einzelnen Biene mit sich, sodass die Bienen auch länger anhaltende Frost- und Kälteperioden überbrücken können, ohne im Stock ihren Kot absetzen zu müssen. So wird das Wabenwerk und letztlich das ganze Volk vor der Ausbreitung von Krankheiten geschützt. Die geschonten Energiereserven können dann im Frühling gebündelt eingesetzt und in die Brut investiert werden. So ist der Bruterfolg größer als bei einem kleinen Brutnest, das bei warmer Überwinterung früh angelegt würde.

Ist mein Volk weiselrichtig?

Einen besonders guten Hinweis auf das Volksbefinden verrät das Geräusch des Bienenvolkes beim Öffnen der Beute: Summen die Bienen in ruhigem, gleichmäßigem und sanften Ton, so gibt es auch eine Königin im Volk. Brausen die Arbeiterinnen aber laut auf und lässt sich ein anhaltend lauter, fast klagender Ton vernehmen, so wird es im Inneren keine Eier legende Königin geben – das Volk ist weisellos. Was nun?

Erst einmal abwarten, denn eine junge begattete Königin steht im Frühjahr nicht zur Verfügung und eine Vereinigung mit einem anderen Volk bringt nur dessen Königin unnötig in Gefahr. Sobald es wärmer geworden ist, kann dann eine sanfte Vereinigung mit einem starken Volk durchgeführt werden. Dazu wird ein gesundes und starkes Volk ausgewählt und diesem dann das weisellose Volk oben aufgesetzt. Damit

Ein Bogen Zeitungspapier gewährleistet eine schonende Vereinigung zweier Völker. In den Folgetagen werden die Bienen das Papier durchknabbern und zu einem Volk zusammenwachsen.

Das weiselrichtige Volk bleibt an seinem Platz und das weisellose Volk wird oben aufgesetzt. Auf diese Weise können auch schwache Völker mit stärkeren vereinigt werden.

die Bienen der beiden Völker sich langsam aneinander gewöhnen, legt man zwischen beide Volksteile einen Bogen Zeitungspapier, den die Bienen in den nächsten Tagen durchknabbern und so zu einem Volk zusammenfinden. Ein sicheres Zeichen für die erfolgreiche Zusammenführung sind die vielen kleinen Papierschnipsel vor dem Flugloch, die von den Bienen aus dem Nest entfernt worden sind. Um den Erfolg dieser Maßnahme nicht zu gefährden und womöglich den Verlust der Königin zu riskieren, sollte erst nach frühestens zehn Tagen eine Kontrolle durchgeführt werden. Drohnenbrütige Völker müssen in einigen Metern Entfernung zum Stand abgefegt werden. Die vitalen Bienen betteln sich in andere Völker ein, der Rest stirbt."

Die Vereinigung sollte nicht bei anhaltend kaltem Wetter geschehen, um keine Brutverluste zu riskieren.

Bei der ersten Kontrolle im Frühjahr müssen die Futtervorräte überprüft und ggf. ergänzt werden.

Reicht der Futtervorrat?

Besonderes Augenmerk wird jetzt auch auf die Wintervorräte gelegt, denn mit beginnender Brutaktivität steigt der Futterbedarf enorm an und die Vorräte könnten zur Neige gehen. Benötigten die Bienen in der Wintertraube ohne Brut etwa 700 Gramm Futter im Monat, wird die gleiche Menge jetzt jede Woche gebraucht. Sollte es hier und da knapp werden, können überzählige Futterwaben aus anderen Völkern umgehängt werden. Eine voll verdeckelte Futterwabe sollte dabei immer als eiserne Reserve jedem Volk zur Verfügung stehen. Bereits durch behutsames Ankippen der Beute und dem Einschätzen des Gewichts derselben lässt sich ein Eindruck über die Winterfuttervorräte gewinnen. Die vorhandenen Futterkranzflächen können auch aufaddiert werden und müssen wenigstens eine volle Futterwabe ergeben.

Eine volle Winterfutterwabe wiegt rund zwei Kilogramm. Sie sollte immer als Reserve zur Verfügung stehen.

Erst überlegen, dann handeln

Wie bereite ich mich vor?

Der Besuch am Bienenstand will gut vorbereitet sein. Dabei sollte man sich Zeit lassen, denn in der Eile werden kleine, versteckte Hinweise auf den Volkszustand schnell übersehen und Fehler gemacht. In der Folge kommt es dann vielleicht zum Abschwärmen des Volkes oder ein Drohnenrahmen wird nicht ausgeschnitten, und schon steigt die Milbenzahl sprunghaft an.

Aufzeichnungen einsehen

Hilfreich ist es, sich nach jedem Besuch am Bienenstand einige kleine Notizen zu machen, die man vor der nächsten Kontrolle als Gedächtnisstütze einsehen kann. Hier sollten Angaben zur Schwarmstimmung ebenso wenig fehlen wie der Hinweis, ob es eine Eier legende Königin gibt oder welche Maßnahmen durchgeführt wurden. Dazu gehören auf jeden Fall Notizen zu Erweiterungen oder Weiselproben (siehe Seite 49).

Anhand der Aufzeichnungen wird überlegt, welches Gerät gebraucht werden könnte, und alles bereitgestellt. Eine leere Zarge dient zur Aufnahme entnommener Waben.

Was erwartet mich heute?

Aus den Aufzeichnungen der vergangenen Kontrolle, dem Witterungsverlauf und den Trachterwartungen entsteht ein Gesamtbild und daraus eine Erwartungssituation. Auf dieser Grundlage kann der anstehende Eingriff vorbereitet und gezielt nach der Weiterentwicklung des Bienenvolks geschaut werden. Gab es in den vergangenen Tagen viel Regen oder niedrige Temperaturen, ist zum Beispiel nicht mit einer Zunahme der Honigmenge zu rechnen, ebenso wenig werden die Bienen intensiv gebaut und gebrütet haben. Zuvor aufgesetzte Erweiterungszargen oder einzeln eingehängte Mittelwände werden dann noch nahezu unberührt sein. Möglicherweise benötigen die Bienen bei anhaltend schlechtem Wetter sogar eine zusätzliche Honiggabe, damit sie nicht verhungern.

Vielleicht ist das Bienenvolk kürzlich abgeschwärmt – dann gilt es, nach den ersten Eiern der jungen Königin zu suchen. Kann diese überhaupt schon mit der Eiablage begonnen haben? Wann ist der Schwarm gefallen? Oder waren Wetter- und Trachtbedingungen so günstig, dass eine Erweiterung sehr wahrscheinlich notwendig ist? Machen Sie Pläne Aus diesen Aufzeichnungen und Überlegungen heraus wird das weitere Vorgehen geplant und mögliche Szenarien durchdacht. Was mache ich bei bestehender Schwarmstimmung oder fehlender Königin? Habe ich das für meine Pläne benötigte Material? Erst wenn alles vorbereitet ist, kann die eigentliche Arbeit an den Bienen beginnen. Jetzt zeigt sich, ob meine Erwartungen erfüllt werden und die Bienen mein Angebot, das ich ihnen beim letzten Eingriff gemacht habe, angenommen haben. Oder habe ich beim zurückliegenden Besuch die Zeichen meiner Bienen falsch gedeutet und mein Angebot nicht auf die Bedürfnisse der Bienen zugeschnitten?

Was muss immer dabei sein?

Unabhängig von meiner Erwartungshaltung oder der für meine Planungen benötigten Arbeitsmaterialien gibt es ein paar Dinge, die bei keinem Besuch der Bienenvölker fehlen dürfen. Dazu gehören Stockmeißel, Abkehrbesen und ein funktionierender Smoker. Dazu kommt ein Eimer mit Wasser zum Waschen von Händen und Werkzeug sowie ein Eimer mit Deckel für ausgeschnittene Drohnenbrut und entfernte Wachsteile. Keinesfalls dürfen Wachsteile, Wabenstücke oder Drohnenwaben für die Bienen offen zugänglich sein oder womöglich zum Auslecken oder als Vogelfutter offen angeboten werden. Solche Unvorsichtigkeiten können schnell eine Räuberei auslösen oder zum Eintrag von Krankheitskeimen oder Varroamilben aus der Drohnenbrut in die Völker führen. Hilfreich sind außerdem zwei oder drei Leerzargen, um entnommene Waben vorübergehend unterbringen zu können und als Abstellplatz für ganze Zargen. So wird unnötiges Bücken und Heben vermieden und der Rücken geschont. Stellen Sie alles bereit, bevor die Arbeit am Volk beginnt.

Stockmeißel, Besen und Smoker sind immer dabei. Auf Handschuhe kann meist verzichtet werden.

Welche Kleidung trage ich?

Selbst in den sanftmütigsten Völkern schlägt manchmal die Stimmung schlagartig um und der Imker wird angeflogen, womöglich auch gestochen. Deshalb sollte ein Schleier immer mitgeführt werden, den man im Bedarfsfall schnell überziehen kann, um wenigstens vor Stichen im Gesicht geschützt zu sein. Obwohl dieser nur selten zum Einsatz kommen wird und der erfahrene Imker die Stimmung eines Volkes schnell einzuschätzen vermag, sollte er nie fehlen. Die weitere Bekleidung bei der Arbeit an den Völkern ist zweckmäßig zu wählen, es muss jedoch kein spezieller Imker-Schutzanzug sein. Tragen Sie besser der Witterung angepasste Bekleidung mit langen Hosen und festen Schuhen. Mit einem kleinen Trick lässt sich auch vermeiden, dass Bienen, die etwa am Boden laufen, von unten in die Hosenbeine krabbeln und bei der nächsten Bewegung des Imkers in der Enge dann doch stechen: Stecken Sie die Hose in die Socken, so sind Sie vor Überraschungsstichen geschützt. Das Tragen von Overalls und daran fest aufsitzenden Schleiern ist nicht empfehlenswert. Spätestens wenn die erste Biene einen Weg hinein gefunden hat, wird dem Imker klar, wie schwer es in dieser Situation ist, schnell aus dieser Art von Schutzkleidung herauszuschlüpfen. Ähnlich verhält es sich mit dem Tragen von Handschuhen. Sie vermitteln ein Gefühl vermeintlicher Sicherheit, welches dann zu unsensiblem Verhalten des Imkers führen mag und in der Folge die

Bei sanftmütigen Völkern kann auf die Schutzkleidung verzichtet werden, zumal sie bei der Arbeit oft eher hinderlich als hilfreich ist.

Am Zellboden lassen sich die frisch gelegten Eier entdecken. Sie dienen uns als Nachweis für eine Eier legende Königin.

In einem regelmäßig angelegten Brutnest finden sich einzelne Zellen mit zwei Eiern. Dies wird von den Bienen korrigiert.

Unruhe der Bienen anregt. Hinzu kommt, dass sich gerade in dicken Lederhandschuhen mit der Zeit etliche Bienenstachel ansammeln. Das daran anhaftende Bienengift trocknet ein, verliert aber nicht seine Alarmierungsbotschaft. So kommt es bei den folgenden Besuchen am Volk direkt zu erneuter Unruhe, denn von den mit Bienengift markierten Handschuhen geht ein Duft aus, der die Verteidigung des Bienenvolks auf den Plan ruft. Zudem verkleben Honig, Wachs und Propolis mit der Zeit die Handschuhe und ein feinfühliges Arbeiten wird spätestens dann unmöglich.

Was kontrolliere ich?

Neben den jahreszeitlich doch recht unterschiedlichen Anforderungen und Aufgaben, die an den Imker gestellt werden, gibt es ein paar Dinge, auf die bei jedem Besuch am Bienenvolk zu achten ist. Dazu zählen der Nachweis einer Eier legenden Königin, die ausreichende Versorgung mit Honig und Pollen und die Anpassung des Beutenvolumens an die Volksstärke. Selbstverständlich wird auch der Drohnenrahmen genau kontrolliert.

Ist eine Königin vorhanden?

Bei jeder Kontrolle gilt es, sich vom Vorhandensein der Königin zu überzeugen. Es ist dafür nicht notwendig, die Königin zu finden, es genügen frisch abgelegte Eier in den Wabenzellen des Brutnestes. Diese Eier sollen mittig vom Boden der Zelle senkrecht oder leicht geneigt in die Zelle hineinragen. Sind die Eier an den Zellwänden befestigt oder gar mehrere Eier in den Zellen zu finden, ist etwas nicht in Ordnung und bedarf einer genaueren Untersuchung. Ein solches Phänomen deutet immer auf Arbeiterinnen hin, die mit der Eiablage begonnen haben und wegen ihres kürzeren Hinterleibs die Eier nicht am Zellboden ablegen können. Es gibt aber auch fehlentwickelte Königinnen oder Erkrankungen der Königin, die zu Unregelmäßigkeiten im Brutnest führen. In solchen Fällen muss die Königin gefunden und ausgetauscht werden.

Bei neu eingeweiselten Königinnen oder Jungköniginnen, die erst vor Kurzem mit dem Brutgeschäft begonnen haben, sollten kleine Auffälligkeiten den aufmerksamen Imker nicht zu sehr beunruhigen. Immer wieder finden sich, sogar im Brutnest erfahrener Königinnen, hin und wieder zwei Eier in einer Zelle oder mehrere nicht bestiftete Zellen. Erst bei größeren Abweichungen sollte umgeweiselt werden.

Ist genügend Futter vorhanden?

Honigvorrat Neben einer begatteten Königin muss ein Bienenvolk immer über ausreichende Nahrungsreserven verfügen. So muss mindestens eine volle Futter- bzw. Honigwabe dem Volk jederzeit als eiserne Reserve zur Verfügung stehen, um ein paar Tage schlechten Wetters überbrücken zu können. Ein Bienenvolk beginnt nicht erst zu hungern, wenn die Reserven aufgebraucht sind, sondern bereits bei einem Engpass in der Versorgung. Gut zu vergleichen ist dieses Phänomen mit der Kraftstoff-Tankanzeige eines Fahrzeugs: Das Auto bleibt nicht gleich stehen, wenn die Warnlampe für eine niedrige Tankfüllung aufleuchtet. Aber man ist gut beraten, dann nicht mit Vollgas weiterzufahren in der Hoffnung, so die nächste Tankstelle noch

zu erreichen. Besser ist es, sich ab sofort auf eine möglichst sparsame Fahrweise umzustellen, so reichen die Reserven etwas länger. Ein Bienenvolk handelt nach dem gleichen Prinzip und reduziert früh genug den Brutnestumfang, um eine Krisenzeit zu meistern. Sollte also der Futtervorrat eines Volkes zur Neige gehen, muss rechtzeitig mit Honig gefüttert oder mit einer Honigwabe eines anderen Volkes ausgeholfen werden. Sonst machen sich die Auswirkungen dieses Mangels in einer späteren Tracht oder bei der Einwinterungsstärke bemerkbar.

Honigfütterung Bei der Honigfütterung sollte nur eigener Honig verwendet werden, dessen Herkunft man kennt, um so eine Übertragung möglicher Krankheitskeime zu verhindern. Eine jegliche Gabe von Zucker schließt sich während der Trachtzeit und auch in Trachtlücken aus, da sonst die Gefahr einer Vermischung von Zucker mit Honig gegeben ist. Darum wird nie der gesamte Honig eines Volkes geerntet.

Eine solche Wabe mit verschiedenen Pollenarten sichert die Eiweißversorgung der Bienenbrut.

Pollenvorrat Die Sicherstellung der Eiweißversorgung, also der Versorgung mit Pollen,
ist ebenfalls stets zu beachten. Ein Bienenvolk benötigt für die Aufzucht der Larven
große Mengen Blütenstaub, aber dieser ist
nicht immer im benötigten Umfang zu finden. Auch hier müssen Vorräte angelegt
werden und erhalten bleiben. Im Frühling
ist die Pollenversorgung meist recht gut,
denn zu dieser Zeit blühen viele Pollen lie-
fernde Gehölze wie Weiden oder Obstbäu-
me, aber auch Zwiebelgewächse und Löwenzahn. Spätestens im Mai, wenn die
Rapsblüte einsetzt und die Rosskastanien
ihre weißen Blütenstände zeigen, gibt es
ein reiches Pollenvorkommen in der Natur.
Aber dieser Zustand ist nur von kurzer Dauer, bereits im Juli nach der Lindenblüte geht
das Pollenangebot spürbar zurück. Ist die
Eiweißversorgung durch Blütenstaub jetzt
nicht gesichert, haben die Bienen Schwierigkeiten, vitale Jungbienen heranzuziehen.
Doch diese werden dringend benötigt, sind
sie es doch, die als angehende Winterbienen eine lange karge Zeit überbrücken
müssen. Um dafür gerüstet zu sein, benötigen diese Bienen während ihrer Larvenentwicklung eine optimale Pollenversorgung,
denn nur dann können sie in ihrem Hinterleib ein Fett-Eiweiß-Gewebe ausbilden, von
dem sie während der kalten Jahreszeit zeh-
ren. Pollenwaben helfen den Bienen, lang-
lebige Winterbienen zu erbrüten. Verwahr-
te Pollenwaben kommen jetzt zum Einsatz.
Wenn nicht in den Wirtschaftsvölkern,
dann in den Ablegern, um diese in ihrer
Entwicklung zu unterstützen. Mit diesen
Waben wird die oft einseitige Pollendiät
aus Mais abwechslungsreicher gestaltet
und wertvoller Mischpollen zugeführt.

*Im Mai können bei guter Trachtlage Pollenwaben
entnommen und später im Jahr den Völkern zurückgegeben werden. Gerade im August wird viel
Pollen benötigt, um die Winterbienen zu erbrüten.*

Pollenvorrat anlegen

Um die Bienen in ihren Bemühungen
der Larvenaufzucht zu unterstützen,
empfiehlt es sich, die Völker nach der
Spättracht in reich strukturierte Land-
schaftsbereiche zu bringen, wo sie ihren
Pollenbedarf decken können. Ist das nicht
möglich oder droht bei lang anhaltender
Trockenheit auch hier ein Engpass, können Pollenwaben den Völkern gegeben
werden. Diese Pollenwaben wurden im
Mai in einer Phase schönen Wetters und
guter Trachtbedingungen den Völkern
entnommen. Zur Konservierung hat der
Imker diese Waben entweder dick mit
Puderzucker eingestäubt, um durch den
hohen Zuckergehalt die Schimmelbil-
dung zu vermeiden, und vor Räubern
sicher verwahrt, oder die Waben sind im
Gefrierschrank eingefroren worden.

In einem starken Volk schlüpfen täglich 2.000 junge Bienen.

Die geschlüpften Bienen benötigen die dreifache Wabenfläche wie die Brut.

Bei guten Trachtbedingungen und viel Brut wird es auf den Waben bald eng und die Schwarmstimmung lässt nicht lange auf sich warten.

Ist das Platzangebot angemessen?

Ein dritter Punkt, auf den bei jeder Kontrolle zu achten ist: das Verhältnis von Volksstärke zum Beutenvolumen. Bienenvölker haben das Potenzial, binnen kurzer Zeit die Anzahl der zum Volk gehörenden Individuen stark zu erhöhen oder zu verringern. Bei guten Umweltbedingungen und einer guten Nährstoffversorgung wird schnell ein großes Brutnest angelegt, die Königin steigert die Eiablage auf über 2.000 Eier pro Tag, und nach einer dreiwöchigen Entwicklungszeit schlüpfen dann täglich 2.000 junge Bienen. Das entspricht etwa einer Brutwabe bei kleineren Wabenmaßen, wie etwa dem DNM-Rähmchen. Doch einmal aus der Zelle geschlüpft, nehmen diese Bienen plötzlich viel mehr Platz ein als zuvor. Im Schnitt halten sich dann auf einer Wabenseite nur 500 Bienen auf. Die täglich schlüpfenden Jungbienen besetzen also zwei Waben, das Volk braucht täglich eine Wabe mehr. Gleichzeitig sterben natürlich auch Individuen, aber als Ganzes betrachtet wächst das Bienenvolk jetzt. Gleichzeitig werden große Mengen Nektar und Pollen eingetragen, die freien Platzressourcen schwinden zusehends. Abhilfe schafft hier eine Erweiterung. Dabei ist Klotzen die Devise, nicht Kleckern. Eine Mittelwand schafft keine Erleichterung, es muss schon eine ganze Zarge sein.

Bleibt die erwartete Tracht aus, fällt ein Schwarm oder geht die Königin verloren, wird das Volk sich verkleinern. Um es den Bienen nicht unnötig schwer zu machen, wird das Raumangebot um eine Zarge verringert. Der Wärmehaushalt ist besser zu regulieren, der Futterverbrauch begrenzt, die Räubereigefahr klein.

Die Beute öffnen

Smoker an – Handy aus! Das sollte Ihre Devise für die Arbeit am Bienenvolk sein: Lassen Sie sich während des Besuchs an Ihrem Bienenstand nicht stören, genießen Sie die Ruhe am Bienenvolk und vermeiden Sie, Ihre Arbeit unterbrechen zu müssen. Sollte eine Unterbrechung der Arbeit doch notwendig sein, nehmen Sie sich die Zeit, die Beute zu schließen und auch den Wachseimer abzudecken.

Wie gehe ich mit dem Smoker um?

Ein zuverlässig funktionierender Smoker ist Grundvoraussetzung, bevor ein Bienenvolk geöffnet werden kann. Dabei spielt vor allem das geeignete Brennmaterial eine entscheidende Rolle. Geeignet sind hierfür pflanzliche Materialien wie getrocknete Kräuter, Tannenzapfen, morsches Holz oder Hobelspäne. Am besten brennt bzw. glimmt dabei grobes Brenngut; ist es zu fein, erlischt der Smoker leicht oder Glut und Asche werden mit heraus geblasen. Die Rauchtemperatur darf nicht zu hoch sein, das versetzt die Bienen mehr in Panik als dass es sie besänftigt. Die richtige Rauchtemperatur ist erreicht, wenn der entstehende Rauch in dicken weißen Schwaden aus dem Smoker austritt. Ist der Rauch hingegen bläulich gefärbt, ist er zu heiß. Hier kann leicht Abhilfe geschaffen werden, indem man oben auf das Brenngut etwas frisches Gras legt. So wird der Rauch abgekühlt und gleichzeitig verhindert, dass Glut und Asche herausgeblasen werden.

Smoker anzünden Einmal richtig angezündet hält die Glut lange vor, und im Bedarfsfall steht sofort der benötigte Rauch zur Verfügung. Dazu wird zunächst etwas Brenngut in den Smoker eingefüllt und mit dem Stockmeißel in der Brennkammer an

Mit Stockmeißel und rauchendem Smoker ausgestattet, kann die Beute behutsam geöffnet werden. Bei der Arbeit am Bienenvolk sollte stets besonnen und ruhig vorgegangen werden.

einer Seite zusammengeschoben. Der Stockmeißel bleibt anschließend in der Brennkammer stehen.

Nun wird ein Papiertaschentuch aufgerollt, an einer Seite angezündet und entlang des Stockmeißels am Brenngut vorbei in die Brennkammer eingebracht. So gelangt das brennende Papier bis zum Boden der Brennkammer. Jetzt kann der Stockmeißel behutsam herausgezogen werden, damit die Flamme am zusammengeschobenen Brennmaterial emporzüngeln kann. Mit dem Blasebalg wird dabei langsam, aber kontinuierlich Luft eingeblasen, bis das Brenngut mit heller Flamme richtig brennt. Nun wird eine zweite Portion Brennmaterial eingefüllt und so lange weiter Luft eingeblasen, bis auch dieses Material gut brennt. Eine dritte Portion Brenngut bildet den Abschluss. Jetzt dringt dicker weißer Rauch aus dem Smoker, und dieser kann nun mit dem Deckel verschlossen werden. In keinem Fall darf die Brennkammer bis an den oberen Rand befüllt oder das Brennmaterial festgestopft werden. Um später die Glut

zu löschen, kann die Rauchöffnung mit frischem Gras verschlossen werden. So erstickt das Feuer. Das Ausschütten der Glut im Gelände birgt die Gefahr eines Brandes und sollte unterbleiben.

Welche Arbeitsschritte sind zu tun?

Der Smoker qualmt, alle Materialien sind vorbereitet und stehen parat, der erste Blick galt den Vorgängen am Flugloch. Doch jetzt soll ein Blick in das Innere des Volkes gewagt werden. So gehen Sie vor:

Den Honigraum abnehmen

Magazinbeuten mit aufgesetztem Honigraum erreichen unter Umständen ein beachtliches Gewicht. Dieses Gewicht bei der nun anstehenden Kippkontrolle mit anzuheben ist unnötig und wenig rückenfreundlich, sollte also besser unterbleiben. Deshalb wird der Honigraum samt des aufliegenden Deckels zur Seite gestellt, entweder auf die mitgebrachten Leerzargen oder auf ein Nachbarvolk – keinesfalls auf den Boden. Zum einen ist damit ein Rücken be-

Am Stockmeißel entlang lässt sich das angezündete Papier tief in den Smoker einführen.

Das Brenngut muss richtig durchbrennen und Glut erzeugen. Dazu mit dem Balg Luft einblasen.

lastendes Bücken verbunden, zum anderen die Gefahr der Verunreinigung von Waben und Honig mit Gras oder Schmutz. Um den Honigraum mühelos und unter Vermeidung eines starken Rucks von den unteren Zargen zu lösen, wird der Stockmeißel eingesetzt: Die flache Seite wird an einer Beutenecke vorsichtig zwischen die Zargen geschoben, die abzuhebende Zarge dabei durch leichten Zug nach oben angehoben. So lassen sich die Propolisverbindungen lösen und die Zarge kann behutsam abgenommen werden.

Gewicht abschätzen In diesem Moment kann das Gewicht des Honigraums bereits eingeschätzt werden, um zu entscheiden, ob ein weiterer Honigraum benötigt wird. Sollte dies der Fall sein, kann dies später berücksichtigt und ein mehrfaches Umstapeln der Zargen vermieden werden. Ein weiterer Honigraum wird dann stets direkt über dem Absperrgitter aufgesetzt und der erste Honigraum abschließend an die oberste Position gebracht. Er kann mit Mittelwänden oder Leerwaben bestückt sein.

Smoker oder Imkerpfeife?

Smoker
+ Großes Fassungsvermögen, hält lange vor
+ Gezielte Rauchstöße möglich
+ Der Smoker kann zur Seite gestellt werden und der Rauch beeinträchtigt nicht
+ Auch ohne ständige Betätigung steht Rauch im Bedarfsfall zur Verfügung
− Es kann nicht gleichzeitig mit beiden Händen gearbeitet und geraucht werden

Imkerpfeife
+ Da die Pfeife mit den Zähnen gehalten wird, hat man stets beide Hände frei
− Kleine Brennkammer, reicht oft nicht einmal für ein Volk
− Stellt man die Pfeife zur Seite, muss sie danach erneut angezündet werden.
− um den Rauch gezielt einsetzen zu können, muss man sich tief über das Bienenvolk bücken
− Die Pfeife bleibt ständig im Mund, Rauch wird eingeatmet und die Zähne werden geschädigt.

Durch weiteres Brennmaterial wird das Feuer erstickt und dicker weißer Rauch erzeugt.

Ist der Rauch bläulich und damit zu heiß, bringt etwas frisches Gras auf dem Brenngut Abhilfe.

Den Brutraum ankippen

Das zwischen dem abgenommenen Honigraum und dem darunter befindlichen Brutraum liegende Absperrgitter verbleibt zunächst an seinem Platz mit einem leichten Rauchstoß drängt man die Bienen etwas zurück. So werden die Bienen am schnellen Auffliegen etwas gehindert und ein entspanntes Arbeiten ist möglich. Nun können die Brutraumzargen vom Bodenbrett angehoben und nach vorn gekippt werden. Damit die Zargen nicht abrutschen, ist ein beherztes Zupacken in die untere innere Beutenkante notwendig. Mit einem Fuß, der auf das Bodenbrett gestellt wird, bleibt der Boden an seiner Position. So erhält man einen Blick von unten in die Wabengassen und an die Rähmchenunterseiten. Hier finden sich bei vorliegender Schwarmstimmung häufig einige Weiselzellen, die dann sofort ausgebrochen werden sollten. Sie machen eine weitere genaue Kontrolle aller Brutwaben notwendig. Nur wenn alle Schwarmzellen entfernt werden, kann das Abschwärmen verhindert werden. Gleichzeitig lässt sich die Volksstärke einschätzen und erkennen, ob erweitert oder eingeengt werden muss.

Der richtige Zeitpunkt für eine Erweiterung ist gekommen, wenn die Bienen als Traube in den Bodenraum durchhängen. Ist dies noch nicht der Fall, sollte abgewartet werden.

Wann erweitern?

Ganz gleich wie stark ein Bienenvolk ist, die Anzeichen für den richtigen Zeitpunkt der Erweiterung sind immer die gleichen. Um herauszufinden, ob es so weit ist, muss zunächst ein Blick in den Unterboden der Beute geworfen werden. Nur hier kann beurteilt werden, ob die Bienen alle Waben bis unten besetzen. Ist dies während des Flugbetriebs der Fall, wird die gleiche Kontrolle am Abend nach Ende des Bienenflugs wiederholt. Das kann mit einer Taschenlampe durch das Flugloch geschehen. Hängt dann eine Bienentraube bis in den Unterboden durch, ist der richtige Zeitpunkt für die Erweiterung gekommen. Sieht man abends keine Bienentraube, dann ist es noch zu früh. Hängt auch tagsüber eine Traube nach unten durch, wird es dringend Zeit, die nächste Zarge aufzusetzen.

Hängt der Drohnenrahmen in der unteren Brutraumzarge, kann man bei der Kippkontrolle schon erkennen, wie weit hier nach unten gebaut wurde und ob er ausgeschnitten werden muss. Beim Ankippen sollte auf jeden Fall ein bisschen Rauch eingesetzt werden, denn im unteren Beutenbereich befinden sich unter anderem das Flugloch und dementsprechend auch die für die Verteidigung des Volkes abgestellten Bienen.

Somit kann bereits bei der Kippkontrolle das notwendige und weitere Vorgehen hinsichtlich der Volksstärke, der Schwarmstimmung und des Drohnenrahmens eingeschätzt werden, bevor auch nur eine Wabe gezogen worden ist. Nachdem man sich einen ersten Eindruck verschafft hat, setzt man die Zargen langsam wieder ab und beginnt nun mit der eigentlichen Kontrolle am Volk: Überprüfen der Weiselrichtigkeit, Ausschneiden des Drohnenrahmens, Kontrolle auf Schwarmstimmung, Anpassung des Beutenvolumens.

Hier haben die Bienen bereits mit dem Bau von Weiselzellen begonnen, doch noch sind sie nicht belegt. Es muss dringend erweitert werden.

Finden sich in den Schwarmzellen bereits Eier und Larven, kommt eine Erweiterung zu spät. Die Schwarmstimmung ist bereits ausgebrochen.

Wabenkontrolle: Wo fange ich an?

Ist erst mal das Absperrgitter entfernt und mit einem sanften Rauchstoß die Mehrzahl der Bienen etwas in die Wabengassen zurückgedrängt, stellt sich die Frage, welche Wabe denn nun zuerst entnommen wird. Da gibt es verschiedene Vorgehensweisen, die empfohlen werden können. Entweder beginnt man mit der zweiten Wabe von hinten bzw. von der Seite oder mit einer möglichst wenig besetzten Wabe.

Mit der Randwabe sollte möglichst nicht begonnen werden, da hier die Gefahr der Beutenbeschädigung durch den Stockmeißel besteht

Geschickt ist es auch, mit dem Drohnenrähmchen zu beginnen, einer Wabe, die oftmals ohnehin am Rand des Brutnestes hängt und viel über den Zustand des Volkes verrät. Da diese Wabe gegebenenfalls auch ausgeschnitten werden muss und es hier nicht so sehr darauf ankommt, möglichst keinen Schaden anzurichten, sollte man nach Möglichkeit mit dieser Wabe den Anfang machen. Mit der gebogenen Seite des Stockmeißels werden die Rähmchen zunächst etwas auseinander geschoben. Durch das Auflegen des Stockmeißels auf dem angrenzenden Rähmchen und Unterhaken des zu entnehmenden, lässt sich mit behutsamer Kraft auch ein verkittetes Rähmchen vorsichtig lösen, ohne die ganze Beute zu erschüttern und die Bienen in Aufregung zu versetzen.

Die erste entnommene Wabe wird dann in eine Leerzarge gehängt oder aufrecht an die Beute gelehnt. Bienen mit ruhigem Wabensitz werden die Wabe nicht verlassen und auch die Gefahr eines Königinnenverlustes ist ausgesprochen gering, sogar dann, wenn die Königin sich auf dieser Wabe befinden sollte.

Der Stockmeißel wird eingesetzt, um die Waben zu lösen und aus der Beute entnehmen zu können.

Wird im Drohnenrahmen eine gleichmäßige Wabe gebaut, ist alles in Ordnung; anders bei mehreren kleinen Wabenecken: Hier stimmt etwas nicht.

Was sagt der Drohnenrahmen über das Volk?

Die Drohnenwabe ist die wichtigste Wabe in einem Bienenvolk, weniger für die Bienen selbst als viel mehr für den Imker. Denn hier zeigt sich, wie es um das Volk bestellt ist. Also gilt es, genau hinzuschauen und richtig zu deuten, was man am Drohnenrahmen alles ablesen kann.

Position und Vorbereitung

Zunächst gilt es, die richtige Position für den Drohnenrahmen zu finden. Diese befindet sich immer in der Nähe des Brutnestes. Dabei ist zu beachten, ein leeres Rähmchen nicht unmittelbar an eine Brutwabe heranzuhängen, die Bienen könnten nur mit Mühe die Temperatur konstant halten. Besser ist es, eine Wabe zwischen der äußeren Brutwabe und dem Drohnenrähmchen

einzuhängen. Mit der weiteren Ausdehnung des Brutnestes wird das Drohnenrähmchen dann in das Brutnest integriert und eine schöne Drohnenwabe gebaut.

Ob für das Drohnenrähmchen nun die obere oder untere Zarge der richtige Ort ist, kann nicht eindeutig beantwortet werden. Günstig ist es, immer zwei Drohnenrähmchen anzubieten, denn dann kann eine verdeckelte Wabe ausgeschnitten werden, während an der zweiten Wabe weitergebaut und gebrütet wird. Das regelmäßige Ausschneiden der Drohnenbrut verringert deutlich den Milbendruck im Volk. Bei der Verwendung von zwei Drohnenwaben kann je eine Wabe im oberen und eine im unteren Brutraum eingesetzt werden.

Auf eine aufwendige Vorbereitung des Drohnenrahmens kann auf jeden Fall verzichtet werden. Es ist nicht notwendig, das

Rähmchen zu drahten oder gar eine Drohnen-Mittelwand einzusetzen. Auch ein Leitwachsstreifen ist überflüssig. Das Rähmchen kann völlig leer ins Volk eingebracht werden, die Bienen nehmen es an und errichten hier ihre Drohnenbrut. Und: Nur wenn im Drohnenrahmen gebaut wird, darf auch erweitert werden.

Gleichmäßig ausgebauter Drohnenrahmen

Ein starkes Volk wird den Drohnenrahmen schnell annehmen und ausbauen. Nur in Ausnahmefällen entsteht hier Arbeiterinnenbrut – immer dann, wenn das Volk für die Aufzucht von Drohnen nicht stark genug ist. In allen anderen Fällen entsteht Drohnenbau mit den auffällig großen Zellen. Die Art des Wabenbaus verrät uns, ob Schwarmstimmung besteht, ob es Tracht gibt oder eine Königin vorhanden ist.

Sobald eine gleichmäßige Wabe gebaut wird und diese nur aus einem Zelltyp besteht, nämlich entweder Arbeiterinnen- oder Drohnenbrut, ist alles in Ordnung. Denn nur wenn Bedarf an einer neuen Wabe besteht, wird diese auch gebaut.

Werden uneinheitliche Waben gebaut, finden sich darauf meist keine Stifte und es liegt Schwarmstimmung oder Weisellosigkeit vor.

In der Regel finden sich bereits die ersten Stifte oder sogar schon kleine Larven in den Zellen, es muss also eine Königin geben, und damit ist klar: Es geht dem Volk gut und es besteht kein Mangel.

Im Drohnenrahmen wird nicht gebaut

Anders sieht es aus, wenn gar nicht gebaut wird. Meist findet das Volk dann weniger Nahrung als gleichzeitig konsumiert wird. Dann verzichten die Bienen auf neuen Wabenbau und damit auf unnötige Kraftanstrengungen. Möglicherweise stimmt aber auch einfach die Position des Drohnenrahmens nicht, er ist vom Brutnest zu weit entfernt. Auch für den Fall der Weisellosigkeit besteht keine Notwendigkeit, eine Drohnenwabe zu bauen, denn es gibt kein Tier im Volk, das hier Eier ablegen könnte. Somit unterbleibt wiederum der Bau einer Drohnenwabe.

Die häufigste Ursache liegt jedoch in der Schwarmstimmung. Denn sobald ein Volk sich auf das Schwärmen vorbereitet, werden die Energiereserven geschont und am alten Standort wird nicht mehr in weitere Waben investiert. Nach dem Verlassen des Schwarms gibt es im Volk vorübergehend keine Eier legende Königin und somit auch keinen Bedarf an Drohnenbau.

Im Drohnenrahmen wird uneinheitlich gebaut

Gelegentlich finden sich Drohnenwaben, die nicht vollendet wurden oder deren Bau uneinheitlich und etwas planlos erscheint. Hier haben die Bienen zunächst mit dem Wabenbau begonnen, dann entstand im Volk Schwarmstimmung, die Tracht versiegte oder die Königin ist verloren gegangen.

Hier haben die Bienen überwiegend Arbeiterinnenbau errichtet und bebrütet. Das Bienenvolk war also noch nicht stark genüg für die Drohnenaufzucht.

Alle diese Möglichkeiten lassen die Drohnenwabe überflüssig werden, denn weder Brut noch Honig könnten hier Platz finden. Der weitere Wabenbau wird eingestellt. Bei vorliegender Schwarmstimmung gibt es häufig in so einer halbfertigen Drohnenwabe auch Schwarmzellen, ein sicheres Anzeichen für die Aufbruchstimmung im Volk.

Arbeiterinnenbrut im Drohnenrahmen

Gelegentlich finden sich Drohnenrähmchen, die sowohl mit Arbeiterinnenzellen als auch mit Drohnenzellen ausgebaut wurden, manchmal sogar ausschließlich mit Arbeiterinnenzellen. Der Grund dafür liegt meist in der Volksstärke, denn Drohnen sind Luxus und werden nur aufgezogen, wenn es dem Volk gut geht und es mehr Energie zur Verfügung hat als benötigt. Ist ein Volk zu klein, investiert es seine Anstrengungen lieber in die Aufzucht von Arbeiterinnen, um möglichst schnell an Stärke zuzulegen und so das Überleben der Kolonie zu gewährleisten.

Der oben abgebildete Drohnenrahmen erscheint auf den ersten Blick ungleichmäßig ausgebaut, grundsätzlich ein Indiz für eine Fehlentwicklung des Volkes, Weisellosigkeit oder Schwarmstimmung. Doch in diesem Fall ist das alles nicht zutreffend. Bei genauerem Hinsehen lassen sich regelmäßig bestiftete Arbeiterinnenzellen entdecken, es muss also eine gesunde Königin vorhanden sein. Würde Schwarmstimmung vorliegen, gäbe es im Drohnenrahmen sehr wahrscheinlich Weiselzellen, denn hier haben die Bienen ausreichend Platz, solche Zellen zu errichten. Aber Schwarmzellen sind nicht zu sehen. Drohnenzellen sind nur an einer kleinen Stelle zu erkennen, diese sind aber nicht bestiftet worden, also ein Zeichen für zu geringe Energie- und Kraftreserven, um bereits jetzt die Drohnenaufzucht zu beginnen.

Achtung: Königin

Da die Drohnenwabe uns so viel über den Zustand des Volkes verrät, sollte sie auch die erste Wabe sein, die bei der Bearbeitung eines Volkes herausgenommen und begutachtet wird. Doch dabei ist besondere Vorsicht geboten, befindet sich doch überdurchschnittlich häufig die Königin auf dieser Wabe.

Drohnenbrut und Varroamilbe

Der Drohnenrahmen verrät uns, wie es um das Volk bestellt ist. Durch die regelmäßige Entnahme der überwiegend verdeckelten Drohnenbrut wird Futtersaft gebunden und die Bienen haben hier die Gelegenheit zu bauen. Damit wird der Schwarmtrieb abgebremst. Sicherlich schon genügend Gründe, auf den Drohnenrahmen nicht zu verzichten. Doch es gibt noch einen wichtigen Grund: die Reduktion der Varroamilbe.

Dieser ernst zu nehmende Parasit nutzt die verdeckelte Brutzelle zur eigenen Reproduktion, die erwachsenen Milben lassen sich zusammen mit der Larve verdeckeln und legen dann in der verdeckelten Zelle ihre Eier. Daraus schlüpfen junge Milben und sowohl die Muttermilbe als auch deren Nachkommen ernähren sich von der Bienenlarve. Die Larve wird geschwächt und es schlüpft später eine nicht leistungsfähige oder kranke Biene. Dieser Vorgang findet gleichermaßen in der Arbeiterinnen- wie in der Drohnenbrut statt, doch wird die Drohnenbrut von den Milben bevorzugt, haben diese doch ein längeres Puppenstadium und geben der Milbe somit mehr Zeit zur Reproduktion. Diese Präferenz lässt sich imkerlich nutzen, nämlich durch die Entnahme der verdeckelten Drohnenbrut und damit der darin befindlichen Milben. So kann die Milbenpopulation in einem Volk während der Honigsaison allein durch diese Maßnahme unterhalb der Schadschwelle gehalten werden. Bei der Entnahme der Drohnenbrut sollte ein Blick unter die Zelldeckel riskiert werden, um den Befallsgrad mit Milben einschätzen zu können. Finden sich in fast allen Drohnenzellen eine oder sogar mehrere Varroamilben, wird es bald

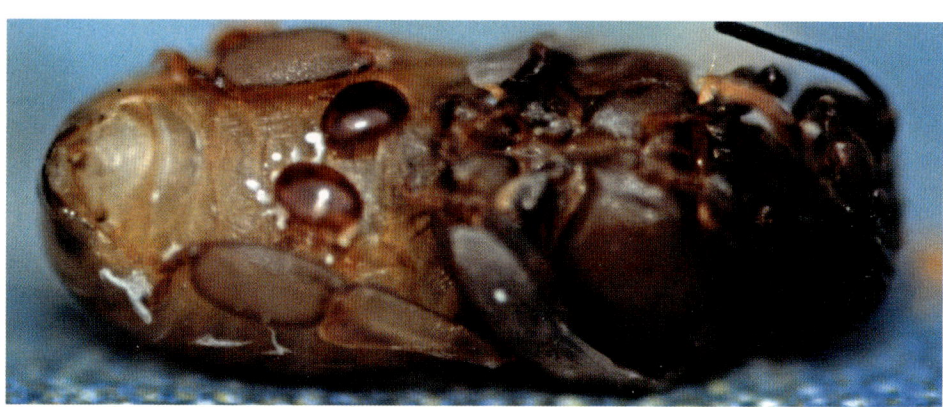

Varroamilben auf einer Drohnenpuppe. Durch Entnahme der Drohnenwaben lässt sich ihre Zahl reduzieren.

Beim Aufbrechen einer Drohnenwabe lassen sich die Milben gut erkennen und der Befallsgrad einschätzen.

In versteckten Drohnenbrutwaben vermehren sich die Milben ungehindert. Dieser Wabenbau muss unbedingt entfernt werden.

Zeit für eine Behandlung und auf eine noch zu erwartende Tracht muss hier zugunsten der Bienengesundheit verzichtet werden. Zeigen sich hingegen nur vereinzelte Parasiten, ist der Gesamtbefall nicht dramatisch hoch und die Varroabehandlung kann aufgeschoben werden, bis der Sommerhonig geerntet ist.

Wann Drohnenbrut schneiden?

Die erwachsene Milbe lässt sich mit der Bienenlarve in einer Zelle einschließen. Dazu sucht sie eine passende Zelle mit einer Larve aus, die etwa zwei Tage vor der Verdeckelung steht. Findet der Imker nun bei der Kontrolle seines Volkes eine Drohnenwabe mit bereits sehr großen Larven und vielleicht schon einigen verdeckelten Zellen, kann er die gesamte Wabe ausschneiden, denn die Milben sind schon in die Zellen hineingeschlüpft. Im Zweifelsfall gilt, lieber eine Wabe zu früh auszuschneiden, als den Schlupftermin der Drohnen zu ver-

passen und damit den der Milben. Sollten die Bienen an anderer Stelle als gewünscht Drohnenbau errichten, muss auch dieser entfernt werden, damit sich hier die Milben nicht unkontrolliert vermehren. So eine Stelle kann insbesondere bei hohen Unterböden ohne Bausperre der Bereich unterhalb der Rähmchen der unteren Zarge sein.

Ausgeschnittene Drohnenbrutwaben werden immer aufgebrochen, um den Befall mit Varroamilben abzuschätzen und über eine evtl. notwendige Behandlung entscheiden zu können.

Wohin mit der Drohnenbrut?

Stellt sich noch die Frage nach der Verwendung dieser entnommenen Brut: In jedem Fall muss hier zügig gehandelt werden, denn Drohnenbrut beginnt schon nach zwei Tagen mehr als unangenehm zu riechen. Wer keinen Sonnen- oder Dampfwachsschmelzer zur Verfügung hat, kann hier auf das Vergraben der Brutwaben zurückgreifen. Damit sind die Milben sicher aus dem Volk herausgenommen. In keinem Fall darf eine solche Wabe für Bienen zugänglich gelagert werden, etwa um Vögeln diese Wabe als Futter anzubieten. Die Wabe wird schnell Bienen anlocken, die nach Honigresten suchen und dabei wieder Milben von der Wabe ins Volk zurücktragen. Gleichzeitig besteht die Gefahr der Räuberei und womöglich auch der Übertragung anderer Krankheiten, im schlimmsten Fall der Amerikanischen Faulbrut.

Drohnenrahmen im Winter

Soll der Drohnenrahmen im Winter im Volk bleiben? Ich sage: Ja, allerdings nur als Randwabe. Dafür gibt es mehrere gute Gründe: Zum einen entfällt zum Saisonende das Austauschen des Drohnenrahmens gegen eine Leerwabe und damit ein überflüssiger Arbeitsschritt. Viel wichtiger ist aber dieser Freiraum für die Zirkulation der Stockluft über die Wintermonate und da-

mit einhergehend die geringere Schimmelgefahr der äußeren Waben. Gerade bei Kunststoffbeuten neigen die Randwaben bei schlechter Belüftung der Beute zum Verschimmeln und müssen dann im Frühjahr ausgesondert werden. Das würde sogar doppelten Aufwand bedeuten, denn die gerade erst im Herbst im Austausch gegen den Drohnenrahmen eingehängte Wabe muss nun schon wieder aus der Beute genommen und sogar eingeschmolzen werden. Dann kann auch gleich der Drohnenrahmen hängen bleiben. Und sollte der Imker im Frühjahr nicht schnell genug an seine Völker kommen, haben die Bienen hier schon Gelegenheit zu bauen. Somit errichten sie dann die erste Drohnenbrut nicht etwa an ungewollter Stelle, was ein späteres Ausschneiden und damit eine wirkungsvolle Varroabekämpfung erschwert. Gerade eine frühe Drohnenbrutentnahme ist ein wirkungsvoller Mechanismus, die Anzahl an Varroamilben nennenswert zu reduzieren.

Randwaben können im Winter leicht verschimmeln. Durch einen leeren Drohnenrahmen an dieser Stelle lässt es sich verhindern.

Hier haben die Bienen schon mit der Aufzucht von Drohnen begonnen. Eine frühe Drohnenbrutentnahme reduziert den Milbendruck deutlich.

Gesunde Entwick-
lung des Volkes

Wie wächst ein Bienenvolk?

Die Königin eines Bienenvolkes ist Tag und Nacht mit der Ablage neuer Eier beschäftigt, aus denen sich nach einer Entwicklungszeit von 21 Tagen junge Arbeiterinnen entwickelt haben. Von April bis Juni steigt deren Zahl stetig an, so dass bald an die 40.000 Tiere ein Volk bilden. Ist eine so große Zahl erreicht, bereitet sich das Volk auf die Teilung in zwei Volksteile vor – es schwärmt.

Warum schwärmen Bienenvölker?

Je nach Witterungsverlauf, Höhenlage, Trachtbedingungen und Volksstärke werden die ersten Bienenvölker bereits im April in Schwarmstimmung geraten, weitere folgen im Mai, manche erst im Juni, wieder andere gar nicht. Doch wie kann man schon früh erkennen, ob und wann ein Volk schwärmen wird, und wie lässt sich damit umgehen? Als Imker sollte man immer versuchen, dieses Verhalten der Bienen zu steuern und sich für die eigenen Ziele zunutze zu machen.

Und warum schwärmen Bienen überhaupt? Es gibt eine Reihe von Faktoren, die als Auslöser für den Schwarmtrieb gegeben sein müssen. Diese Faktoren können durch imkerliche Maßnahmen abgemildert und so das Schwärmen in vielen Fällen vermieden werden. Grundsätzlich kommt es nur dann zum Schwarm, wenn ein Bienenvolk über deutlich mehr Reserven verfügt, als benötigt werden. Der Schwarm ist also immer die Folge von Überfluss an Energie. Darauf kann der Imker reagieren und regulierend eingreifen. Aber der Reihe nach:

Das Volk stößt an seine Grenzen

Bienenvölker bestehen im Frühjahr aus einer großen Anzahl von Arbeiterinnen und einer Königin. Die Königin stellt dabei das einzige Eier legende Weibchen der Kolonie dar, ist also allein reproduktiv. Die Arbeiterinnen sind unfruchtbare Weibchen, die sich nicht fortpflanzen. Im Lauf eines günstigen Sommers steigt deren Zahl deutlich

Aus einer solchen Wabe schlüpfen 2.500 Bienen, die bald über große Futtersaftmengen verfügen.

Sind alle Zellen belegt und die Waben dicht mit Bienen besetzt, werden Schwarmzellen errichtet.

Unentwegt legt die Königin neue Eier, bis zu 2.000 am Tag. Das Volk wächst dann sehr schnell.

an, die Kolonie wird immer größer, doch eine Vermehrung im engeren Sinne und eine Besiedelung neuer Lebensräume hat bislang nicht stattgefunden. Dazu bedarf es geschlechtsfähiger Individuen, also junger Königinnen und Drohnen zur anschließenden Aufteilung einer Kolonie in zwei Volksteile. Doch zunächst müssen diese Geschlechtstiere erst einmal erbrütet werden, denn sie sind für die Gründung einer neuen bzw. das Fortbestehen der alten Kolonie unentbehrlich.

Eine neue Königin muss her

Ein Bienenvolk, das über reichlich Energie, also Honig und Pollen, über unzählige Arbeiterinnen und ein ausgedehntes Brutnest verfügt, stößt bald an seine Kapazitäts- und Raumgrenzen. Unter diesen Umständen wird der natürliche Vermehrungsdrang ausgelöst und die Arbeiterinnen beginnen damit, die ersten Schwarmzellen im Nest zu errichten. Dabei handelt es sich zunächst nur um sogenannte Spielnäpfchen, Weiselzellen also, die noch nicht bestiftet werden. Bald darauf entstehen dann die ersten echten Schwarmzellen, in die von der Königin jeweils ein Ei hineingelegt wird. Sobald sich aus diesen Eiern Larven entwickelt haben und diese schließlich zur Puppe geworden sind, werden die Weiselzellen verdeckelt. Damit ist der Startschuss für das Abschwärmen gefallen, und sobald die Witterung es zulässt, werden etwa die Hälfte aller zum Volk gehörenden Individuen einschließlich der alten Stockmutter das Nest als Schwarm

Beim Auszug eines Schwarms verlassen 20.000 Bienen in kurzer Zeit die Beute.

sich eine beachtliche Traube aus Arbeiterinnen, Drohnen und der alten Königin. Nach maximal einer halben Stunde haben sich alle Bienen niedergelassen und es kehrt Ruhe ein. Einzelne Bienen fliegen umher, um nach einem geeigneten neuen Nistplatz, etwa einer Baumhöhle, zu suchen. Ist ein solcher Ort gefunden, kehren sie zur Schwarmtraube zurück, um durch den Schwänzeltanz den anderen den Weg zu weisen. Schließlich erheben sich alle Bienen erneut und fliegen gemeinsam zielstrebig in die neue Behausung. Dort eingezogen beginnen sie sogleich mit der Errichtung eines neuen Wabenwerkes und dem Sammeln von Nektar und bald auch von Pollen. Die Königin nimmt nach einigen Tagen die Eiablage auf, und bald schlüpfen hier die ersten Bienen des neuen Nestes. Eine neue Kolonie ist damit erfolgreich gegründet worden.

verlassen. Lässt das Wetter ein Ausziehen aus dem angestammten Nest vorübergehend nicht zu, warten die Bienen auf Besserung der Lage – längstens jedoch bis zum Schlupf der ersten herangewachsenen Jungkönigin.

Die alte Königin zieht aus

Dann strömen innerhalb weniger Minuten rund 20.000 Tiere durch das Flugloch nach draußen und erheben sich mit unüberhörbarem Gesumm über den Bienenstand in die Luft. Bereits nach kurzer Zeit setzen sich die ersten Tiere an einen geeignet erscheinenden Platz, meist einen Ast oder einen Zaunpfahl, manchmal sogar an eine andere Beute. Alle anderen zum Schwarm gehörenden Bienen folgen und schnell bildet

Eine neue Königin setzt sich durch

Im alten Nest schlüpfen unterdessen die jungen Königinnen. Die Erstgeschlüpfte begibt sich sogleich auf die Suche nach ihren noch nicht aus der Zelle geschlüpften Schwestern, um diese zu töten und somit den Anspruch als zukünftige Stockmutter für sich zu erheben. Dazu sucht sie alle Brutwaben nach weiteren Weiselzellen ab und erzeugt dabei ein Geräusch durch das Aneinanderreiben ihrer Flügel, das als Tuten bezeichnet wird. In schneller Folge wiederholt sie dabei folgendes Geräuschmuster: Tuuuuuut, Tuuuut, Tuuut, Tuut, Tut, Tut. Dieses Geräusch lässt sich manchmal schon vor dem Öffnen der Beute vernehmen.

Die anderen, noch nicht aus ihren Weiselzellen geschlüpften Königinnen erwidern das Geräusch, durch die Zellwände hindurch klingt es etwas gedämpft und wird deshalb als Quaken bezeichnet. Die gefundenen Königinnenzellen werden sogleich von der Erstgeschlüpften seitlich geöffnet und die darin liegenden Konkurrentinnen mit dem Giftstachel getötet. Erst wenn alle Zellen entdeckt und die Konkurrenz tot ist, kehrt wieder Ruhe ein. Einige Tage später erfolgt dann bei schönem Wetter der Begattungsflug der jungen Königin, auf dem sie sich mit mehreren Drohnen verpaart und anschließend mit einer gut gefüllten Samenblase in ihr Volk zurückkehrt. Nach einer Reifungsphase von wenigen Tagen beginnt sie nun mit der Eiablage, und somit ist auch das weitere Bestehen der Ursprungskolonie gesichert.

Weiselzelle ist nicht gleich Weiselzelle

Weiselzellen werden von den Bienen aus verschiedenen Gründen angelegt und gepflegt. Neben den Schwarmzellen, die der Aufzucht der Königin zur Gründung einer neuen Kolonie dienen, gibt es noch zwei Sonderformen von Weiselzellen.

Weiselzellen zur stillen Umweiselung

Mit zunehmendem Alter und damit einhergehender Abnahme der Eierlegeleistung einer Königin wächst das Bedürfnis der Arbeiterinnen, ihre Königin auszutauschen und so für den Fortbestand der Kolonie zu sorgen. Zu diesem Zweck wird meist eine einzelne Weiselzelle in der Mitte einer Brutwabe angelegt und von der alten Königin bestiftet. Parallel zum normalen Brutgeschäft und ohne aufkommende Schwarmstimmung wächst eine junge

Königin heran, die sich nicht mit der Stockmutter bekämpft und nach erfolgreicher Verpaarung neben der vorhandenen Königin mit der Eiablage beginnt. Somit gibt es dann vorübergehend zwei Eier legende Weiseln gleichzeitig im Volk. Nach und nach reduziert die alte Königin ihr Brutgeschäft, bis sie dieses schließlich ganz einstellt und bald darauf stirbt. Sie bleibt aber so lange aktiv, bis die neue Königin fest etabliert ist und zuverlässig stiftet. So kommt es zu einem fließenden Übergang und zur Verjüngung der Stockmutter.

Schwärmendes Volk: Der Imker hat das Nachsehen. Ihm bleibt nur die Hoffnung, den Schwarm wieder einfangen zu können.

Sammeln sich die Bienen zu einer Traube, lassen sie sich in einen Schwarmfangkorb einschlagen.

Der Imker bemerkt von all dem meist nur wenig. Findet er nicht zufällig die Umweiselungszelle, wird er sich später allenfalls über eine nicht gezeichnete Königin wundern. Entdeckt er jedoch eine solche Zelle bei einem Besuch seines Volkes, ist er gut beraten, diese einzelne Zelle nicht zu zerstören, um dem natürlichen Lauf der Dinge nicht entgegenzuarbeiten.

Nachschaffungszellen

Manchmal geht trotz aller Vorsicht bei der Völkerbearbeitung eine Königin verloren. Doch damit ist nicht gleich das ganze Volk gefährdet, und es muss auch nicht zwingend sofort eine neue Königin bei einem Züchter bestellt werden, um das Volk zu retten. Denn die Bienen verfügen noch über eine Notfallstrategie: Durch gezielte Fütterung einzelner ganz junger Arbeiterinnenlarven mit Gelée Royale, also dem Futtersaft, können jederzeit neue Königinnen erzeugt werden. Und das in einer Rekordzeit von nur etwa elf Tagen. Denn jede weibliche Larve, also auch die der Arbeiterinnen, bekommt während der ersten drei Lebenstage diesen Futtersaft für ihre Ernährung und hat so das Potenzial, durch eine Fortsetzung dieser Fütterung zur Königin heranzuwachsen. Um sicherzustellen, dass diese Strategie zum Ziel führt, werden sicherheitshalber mehrere Larven entsprechend gefüttert. Am Ende bleibt, wie bei den Schwarmköniginnen, nur eine übrig,

Geht die Stockmutter verloren, beginnen die Arbeiterinnen sofort mit der Aufzucht neuer Königinnen: Es entstehen Nachschaffungszellen. Durch Fütterung jüngster Larven mit Geleé Royale werden diese zu Ersatzköniginnen.

die nach erfolgreicher Verpaarung mit der Eiablage beginnt und so zur neuen Königin geworden ist.

Diese sogenannten Nachschaffungszellen werden meist auf mehreren Brutwaben gleichzeitig angelegt, sodass sich häufig zwanzig und mehr Zellen finden lassen. Diese müssen nicht entfernt werden, denn ein Abschwärmen eines durch den Königinnenverlust geschwächten Volkes ist nicht zu befürchten. Soll eine dieser Nachschaffungsköniginnen zukünftig im Volk als Königin bleiben, dürfen diese Weiselzellen nicht heraus gebrochen werden. Es besteht an dieser Stelle jedoch die Möglichkeit, diese Situation für einen gezielten Königinnenwechsel zu nutzen und nach dem Herausbrechen aller Nachschaffungszellen eine begattete Jungkönigin einzuweiseln.

Wie funktioniert die Weiselprobe

Ist man sich bei der Durchsicht eines Volkes nicht sicher, ob es eine Königin gibt, weil keine Eier gefunden wurden, kann eine Weiselprobe hier weiterhelfen. Dazu wird im Brutnestbereich des vermeintlich weisellosen Volkes eine Brutwabe eines anderen Volkes eingehängt. Auf dieser Wabe sollen möglichst viele Eier und jüngste Larven zu finden sein. Hat das fragliche Volk wirklich keine Königin, werden die Bienen hier die Gelegenheit nutzen und Nachschaffungszellen errichten. Sie beginnen also damit, einzelne Larven besonders reichhaltig mit Weiselfuttersaft, dem Gelée Royale, zu versorgen und deren Zellen auszubauen. So entstehen neue Königinnen, und bei der nächsten Kontrolle, die etwa eine Woche später durchgeführt werden sollte, werden diese Zellen deutlich zu erkennen sein.

Für eine Weiselprobe wird eine Wabe mit Eiern und jüngsten Larven eines anderen Volkes ausgewählt.

Damit ist der Nachweis der Weisellosigkeit erbracht. Doch die Fürsorgepflicht des Imkers für seine Bienen ist hier noch nicht zu Ende. Belässt er die Nachschaffungszellen und wartet auf den Schlupf und die erfolgreiche Verpaarung der ersten Jungkönigin, geht viel Kraft des Bienenvolkes verloren. Denn bis hier die ersten jungen Arbeiterinnen schlüpfen, vergehen noch rund sechs Wochen. In der Zwischenzeit sterben viele Bienen, und die Volksstärke und damit auch die Trachtfähigkeit nehmen deutlich ab. Es muss also schnellstmöglich eine begattete Königin eingesetzt werden, jedoch nicht, ohne zuvor die Weiselprobe, also die Wabe mit den Nachschaffungszellen, wieder zu entfernen. Geschieht dies nicht, kann es vorkommen, dass die eingeweiselte Jungkönigin nicht mit der Eiablage beginnt, solange es noch alte Brut im Volk gibt. Diese Verzögerung führt dann ebenfalls zu einem Rückgang der Volksstärke und kann sogar die Gesundheit der Königin und ihre spätere Fähigkeit, Eier zu legen, nachhaltig beeinträchtigen. Die Weiselprobe wird also in das Ursprungsvolk zurückgehängt, alle Nachschaffungszellen müssen jedoch zuvor ausgebrochen werden.

Wie kann ich das Schwärmen verhindern?

Einerseits ist das Schwärmen der natürliche Vermehrungsweg von Bienenvölkern, andererseits geht damit die Trachtfähigkeit eines starken Volkes verloren. Außerdem beeinträchtigt es den Sammeleifer, den Bautrieb und die Honigbereitung. Genügend Gründe, es erst gar nicht so weit kommen zu lassen. Es gilt also, die Anzeichen schon früh zu erkennen und ihnen wirkungsvoll entgegenzuwirken.

Die 40-Tage-Regel

Mit der Aufzucht der Drohnen beginnt die eigentliche Schwarmstimmung, lange bevor das Volk sich teilt und abschwärmt. Denn Drohnen haben eine Entwicklungszeit, die vom abgelegten Ei bis zum Schlupf 24 Tage dauert. Danach folgt eine Reifungsphase von etwa zwei Wochen, sodass die Gesamtentwicklung vom Ei bis zur Geschlechtsreife rund 40 Tage bzw. sechs Wochen beträgt. Königinnen hingegen benötigen lediglich 16 Tage vom Ei bis zum Schlupf und noch einmal etwa eine Woche bis zur Geschlechtsreife, insgesamt also nur etwas mehr als drei Wochen. Demzufolge beginnt

ein Bienenvolk zur Schwarmvorbereitung mit der Drohnenaufzucht, denn nur so ist auch eine spätere Begattung der Jungköniginnen gewährleistet. Entdecken wir also in den Völkern Drohnenbrut, ist das ein sicheres Zeichen für den Beginn der Schwarmaktivität – von drohnenbrütigen Völkern einmal abgesehen. Und schon jetzt können erste Gegenmaßnahmen eingeleitet werden, beispielsweise durch sanftes Schröpfen oder rechtzeitiges Erweitern.

Sanfte Schröpfung

Die Entnahme einer Brutwabe mit den daran ansitzenden Bienen, jedoch ohne Königin, bedeutet eine sanfte Schröpfung des Volkes. In Zahlen ausgedrückt entspricht dieser Eingriff einer Entnahme von rund 1.000 Bienen plus 2.000 Brutzellen. Die zu entnehmende Brutwabe sollte möglichst viel verdeckte Brut enthalten, denn so werden gleichzeitig etliche Varroamilben dem Volk entzogen. Außerdem verfügen die in wenigen Tagen aus dieser Wabe schlüpfenden Jungbienen über gut entwickelte Futtersaftdrüsen und ein Überangebot von Futtersaft begünstigt ebenfalls die Schwarmstimmung.

Mit der Errichtung von Drohnenbau und der Aufzucht der ersten Drohnen beginnt die eigentliche Schwarmstimmung.

Durch die Entnahme einzelner Brutwaben erfolgt eine sanfte Schröpfung. So kann das Schwärmen einfach und wirkungsvoll unterbunden werden. Mit solchen Waben werden schwache Völker verstärkt.

Dieser Futtersaft kann besser für eine gezielte und kontrollierte eigene Königinnenvermehrung eingesetzt werden, als im Volk den Schwarmtrieb weiter anzuheizen. Deshalb kommt die hier entnommene Brutwabe zusammen mit den Brutwaben, die aus anderen starken Völkern entnommen werden, in eine separate Beute als so genannter Sammelbrutableger. Bereits vier Brutwaben genügen hier, um erfolgreich Königinnen aufzuziehen. Besser ist es natürlich, über noch mehr Waben zu verfügen. In Einzelfällen können bei starken Völkern auch zwei Brutwaben entnommen werden. Soll keine eigene Königinnenvermehrung durchgeführt werden, dienen die entnommenen Waben zur Verstärkung schwächerer Völker.

Erweitern

Neben der Schröpfung des Volkes wird gleichzeitig erweitert, um dem steigenden Raumbedarf des wachsenden Volkes gerecht zu werden. Die Erweiterung erfolgt durch das Aufsetzen einer ganzen Zarge, die entweder ausschließlich mit Mittelwänden oder mit hellen, unbebrüteten Leerwaben und Mittelwänden bestückt ist. Helle, unbebrütete Waben tragen deutlich weniger zu einer Übertragung von Krankheitskeimen bei als bereits bebrütete. Handelt es sich bei der Erweiterung um einen Honigraum, wird dieser selbstverständlich über dem Absperrgitter aufgesetzt. Ist es bereits der zweite Honigraum, so wird dieser zwischen die Braträume unten und den dann ganz oben stehenden ersten

Großzügige Erweiterungen mit Mittelwänden veranlassen die Bienen zum Wabenbau. Das bremst den Schwarmtrieb.

Schnell entstehen aus den Mittelwänden neue Waben, in denen der eingetragene Nektar untergebracht werden kann.

Schon nach wenigen Tagen sind alle Wabengassen besetzt und die Mittelwände ausgebaut.

Honigraum eingeschoben. Durch die Bestückung dieser Erweiterungszarge mit Mittelwänden haben die Bienen hier die Gelegenheit zu bauen und das anfallende Wachs sinnvoll zu verarbeiten. Dadurch wird Energie gebunden und der Schwarmtrieb wirkungsvoll gebremst.

Fordern und Fördern

Das sanft geschröpfte und dann erweiterte Volk wird während der nächsten Wochen weiter regelmäßig kontrolliert. Dabei wird vor allem auf eine mögliche Verschärfung der Schwarmstimmung und auf weiteren Raumbedarf geachtet. Die Bienen müssen permanent gefordert und gefördert werden. Es müssen dazu immer ausreichend Baumöglichkeiten verfügbar sein, entweder in Form des Drohnenrahmens oder durch Mittelwände. Denn die jungen Bienen entwickeln in ihrer zweiten Lebenswoche ausgeprägte Wachsdrüsen und dieses Potenzial darf nicht ungenutzt bleiben, das Wachs muss zügig verbaut werden. Kann dieses anfallende Wachs nicht verarbeitet werden, begünstigt dieses Überangebot an Baumaterial abermals die Schwarmstimmung, denn ein Schwarm benötigt für das Nest, das neu gebaut werden muss, viel Wachs.

Was begünstigt die Schwarmstimmung?

Verschiedene Faktoren tragen dazu bei, dass die Schwarmstimmung eines Volkes angeregt wird. Kennen und erkennen Sie diese Faktoren, können Sie mit weiteren gezielten Maßnahmen der Schwarmstimmung entgegenwirken und das Schwärmen verhindern.

Futtersaft im Überfluss

Junge, gerade erst geschlüpfte Bienen entwickeln bereits in den ersten Lebenstagen ihre Futtersaftdrüsen und versorgen dann mit diesem Futtersaft die jüngsten Larven. Dabei produziert jede dieser Ammenbienen eine Futtersaftmenge, die zur Aufzucht von etwa drei Larven ausreicht. Erreicht dann im Juni das Brutnest seine größte Ausdehnung, schlüpfen täglich an die 2.000 Bienen und alle verfügen über viel Futtersaft. Irgendwann gibt es dann einen Überschuss, der keine Abnehmer findet, und aus diesem Überfluss heraus entsteht dann die Schwarmstimmung. Gerade heranwachsende Jungköniginnen benötigen große Mengen dieses Futtersaftes, und was liegt da näher, als hier zu investieren. Doch der Imker kann gegensteuern und künstlich Bedarf an Futtersaft erzeugen: mit dem Drohnenrahmen. Denn die heranwachsenden Drohnen brauchen für ihre Entwicklung ebenfalls reichlich Futtersaft und binden so viel Energie, ohne dass es zum Schwarm kommt. Arbeiterinnenlarven selbst fressen in den ersten Lebenstagen gleichfalls viel Futtersaft, die Königin muss also immer über ausreichend freie Wabenfläche verfügen und stiften können, damit in der Folge viele Larven gefüttert werden und diesen Futtersaft abnehmen können.

Wachs im Überfluss

Das gleiche Phänomen, das es beim Futtersaft gibt, findet sich genauso bei der Wachsversorgung. Bienenwachs entsteht in Drüsen an der Bauchseite der Arbeiterinnen, wird hier abgenommen und zu Waben verarbeitet. Haben die Bienen aber keine Möglichkeit zu bauen, gibt es ein Wachsüberan-

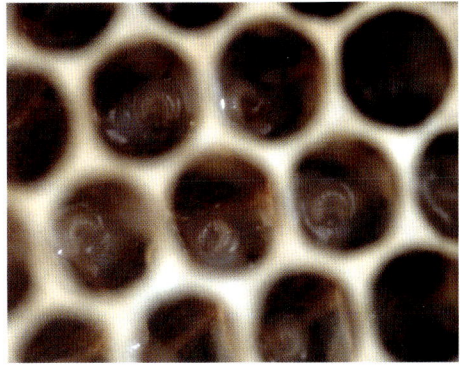

Arbeiterinnenlarven schwimmen im Futtersaft. Steht mehr davon zur Verfügung als benötigt, begünstigt dies das Schwärmen.

gebot und auf der anderen Seite keinen ausreichenden Bedarf. Die Folge: der Schwarm. Denn um ein neues Nest gründen zu können, wird zu Beginn viel Wachs benötigt. Deshalb muss der Imker seinem Volk die Möglichkeit geben, in der Beute zu bauen. Dafür eignen sich die Mittelwände und die Drohnenrähmchen. Und bevor ein Volk in Schwarmstimmung gerät, soll es doch besser neue Waben bauen. Denn ein Volk in Schwarmstimmung wird faul, es wird nicht mehr bauen und nicht mehr sammeln.

Bloß keine Milchmädchenrechnung Eine verbreitete Milchmädchenrechnung sieht dabei folgendermaßen aus: Muss ein Volk erst viel Energie in den Ausbau von Mittelwänden und die Errichtung neuer Honigwaben investieren, handelt es sich bei der hier gebundenen Energie doch um Honig. Und genau dieser Honig kann dann eben nicht geerntet werden und in der Folge fällt der Ertrag gering aus. Deshalb ist es anscheinend sinnvoll, den Bienen bereits ausgebaute Waben anzubieten und nur we-

Bienen errichten eine neue Wabe. Haben sie dazu keine Gelegenheit, wird der Schwarmtrieb gefördert.

Bei jungen Arbeiterinnen sind die Wachsdrüsen aktiv. Dieses Wachs kann in den Ausbau von Mittelwänden und Drohnenwaben eingesetzt werden.

nige Mittelwände einzusetzen. Soweit nachvollziehbar. Auf der anderen Seite begünstigt dieses Vorgehen die Entwicklung der Schwarmstimmung, und diese hat negative Auswirkungen auf das Sammelverhalten der Arbeiterinnen und damit auf den Ertrag. Oder anders formuliert: Für den Ausbau von acht Mittelwänden benötigt ein Bienenvolk etwa ein Kilogramm Wachs. Angenommen es werden fünf Kilogramm Honig benötigt, um dieses Wachs zu erzeugen, fällt der Honigertrag auf den ersten Blick um eben diese fünf Kilogramm geringer aus. Aber fünf Kilogramm Honig entspricht der Sammelleistung eines Bienenvolkes unter günstigen Bedingungen von gerade einmal zwei Tagen. Sollte es zum Auftreten der Schwarmstimmung kommen und damit zu einer Verringerung der Sammelleidenschaft, reduziert sich der Honigertrag um ein Mehrfaches. Ganz drama-

Bei guter Pollentracht wird schnell der Platz für die Eiablage knapp und das Schwärmen begünstigt.

tisch fällt die Bilanz aus, wenn das Volk dann sogar abschwärmt, denn dann fehlen in der Folge auch noch etwa 20.000 Bie-nen, die vor ihrem Abflug ihre Honigblasen auch noch mit Honigvorräten gefüllt haben. Am Ende erbringt also ein bauendes und dadurch nicht schwärmendes Bienenvolk die höheren Honigerträge.

Honig und Pollen im Überfluss

Noch schlimmer kommt es, wenn in kurzer Zeit große Mengen Nektar und Pollen eingetragen werden, aber nicht genug freie Wabenfläche für deren Einlagerung zur Verfügung steht. Denn dann wird jede frei werdende Brutzelle hierfür genutzt. Die Königin kann immer weniger Eier legen und es kommt zu einer Anhäufung von Schwarm auslösenden Faktoren, nämlich einem Überangebot von Futtersaft in Ermangelung von Larven, die diesen Futter-

Pollen dient zur Aufzucht der Larven.

saft abnehmen würden. Außerdem zu einem Überfluss an Wachs, da ohne Mittelwände keine Waben gebaut werden können, und zu reichlich verfügbarer Energie in Form von Nektar und Pollen. Der Schwarm lässt unter diesen Bedingungen sicher nicht mehr lange auf sich warten.

Wie kann ich die Schwarmstimmung reduzieren?

Manchmal verlaufen alle vorbeugenden Maßnahmen im Sande und der natürliche Vermehrungsdrang ist so stark, dass trotz aller Bemühungen des Imkers im Volk Schwarmstimmung auftritt. Doch noch ist nichts zu spät. Jetzt muss allerdings entschlossen gehandelt und massiv eingegriffen werden. Doch zunächst muss man sich ein genaues Bild von der vorliegenden Situation machen, denn Schwarmstimmung ist nicht gleich Schwarmstimmung, und so gilt es vor einem Eingriff zu klären, wie weit diese bereits gediehen ist. Bei der Inspektion der Brutnestwaben muss deshalb besonders darauf geachtet werden, was sich in den entdeckten Weiselzellen befindet. Nur so lässt sich ermitteln, wie weit die Schwarmstimmung bereits fortgeschritten ist, um die geeigneten nächsten Schritte einleiten zu können.

Angeblasene Schwarmzellen

Sind die Weiselzellen noch leer, spricht der Imker dann von angeblasenen Weiselzellen. Es handelt sich um ein frühes Stadium der Schwarmstimmung und es ist noch nichts verloren. Die Königin wird ihre Eierlegeleistung noch nicht nennenswert herabgesetzt haben und der Sammeleifer hat ebenfalls noch nicht gelitten.

Volk schröpfen In einem solchen Fall kann durch eine Schröpfung, etwa durch die Entnahme von erwachsenen Bienen in Form eines Kunstschwarms, Abhilfe geschaffen werden. Bei bestehender Tracht ist dies aber nicht das erste Mittel der Wahl, denn so gehen auch viele Sammlerinnen dem Volk verloren und die Tracht kann nicht

weiter optimal genutzt werden. Deshalb ist es sinnvoller, hier zwei oder drei Brutwaben mit möglichst viel verdeckelter Brut zu entnehmen und durch Mittelwände zu ersetzen. So bleibt die Sammelkraft des Volkes erhalten, das Überangebot an Futtersaft geht aber zurück und damit die Schwarmlust. Alle angeblasenen Weiselzellen müssen entfernt werden.

Bestiftete Schwarmzellen

In die von den Arbeiterinnen errichteten Schwarmzellen legt die Königin in den folgenden Tagen jeweils ein Ei, schon bald danach wird die Anzahl der täglich abgelegten Eier zurückgefahren und der Sammeleifer der Arbeiterinnen reduziert.

Schröpfen und Erweitern Solange es sich ausschließlich um bestiftete Zellen handelt, kann die Schwarmstimmung durch Schröpfung und Erweiterung noch gestoppt werden. Um die Bienen hier zum Arbeiten zu zwingen, werden Mittelwände direkt in das Brutnest eingehängt. Um den Wärmehaushalt hier korrigieren zu können, müssen diese Mittelwände zügig ausgebaut und bestiftet werden. So entsteht in kurzer Zeit

Die Arbeiterinnen errichten Schwarmzellen, die von der Königin bestiftet werden.

neue Wabenfläche mit vielen Futtersaft abnehmenden Arbeiterinnenlarven und Platz für Nektar und Pollen. Der Schwarmtrieb lässt nach und die weitere Trachtnutzung ist gesichert. Gleichzeitig mit diesem Eingriff müssen wieder alle vorhandenen Schwarmzellen entfernt werden, was für den Imker die Kontrolle aller Waben im Brutbereich bedeutet.

Larven in den Schwarmzellen sind?

Aus jedem Ei in den Schwarmzellen schlüpft nach drei Tagen eine kleine Larve, die sogleich mit Futtersaft von den Arbeiterinnen versorgt wird. Der Sammeleifer hat bereits nachgelassen und die vorhandenen Pollenvorräte werden konserviert. Durch einen feinen Überzug aus Honig bleibt der Blütenstaub in den Wabenzellen vor Schimmel geschützt, denn in den kommenden Wochen wird nur wenig davon gebraucht. Zu erkennen ist dieser konservierte Pollen an seiner glänzenden Oberfläche. Die vorhandene Königin schränkt ihre Bruttätigkeit immer weiter ein, und bis die junge Stockmutter mit der Eiablage beginnt, werden rund vier Wochen verstreichen. Erst dann müssen wieder kleine Larven mit eiweißreichem Futtersaft versorgt werden, zu dessen Produktion die erwachsenen Ammenbienen viel Pollen fressen müssen.

Kunstschwarm oder Königin entnehmen

Sobald dieser Zustand erreicht ist, hilft nur noch ein radikaler Eingriff am Volk, um das Abschwärmen wirkungsvoll zu unterbinden. Dieser radikale Eingriff erfolgt am besten entweder durch die Bildung und Entnahme eines Kunstschwarms, was jedoch eine Einschränkung der weiteren Trachtnutzung mit sich bringt, oder durch die Entnahme der Königin. Letzteres ist dabei mit besonders viel Arbeit verbunden, denn zum einen muss die Königin auf den dicht mit Bienen besetzten Waben gefunden werden, zum anderen werden die Bienen sogleich danach beginnen, Nachschaffungszellen zu errichten, um aus jüngsten Arbeiterinnenlarven erneut Königinnen heranzuziehen. Deshalb muss eine Woche später erneut das ganze Volk nach diesen Nachschaffungszellen durchgesehen werden, da sonst mit der ersten daraus schlüpfenden Königin das Volk abschwärmen wird. Es müssen also zweimal alle Waben begutachtet und

Solange sich nur Eier in den Schwarmzellen finden, kann noch regulierend eingegriffen werden.

Gibt es bereits Larven, hilft nur noch die Entnahme von Bienen, Brut oder Königin.

die Weiselzellen herausgebrochen werden – erst die Schwarmzellen, in der Folgewoche dann die Nachschaffungszellen. Wird dabei auch nur eine Nachschaffungszelle übersehen, wird der Bienenverlust durch den dann folgenden Schwarm besonders groß ausfallen, denn in der Zwischenzeit sind weitere Bienen geschlüpft und diese werden sich zum Teil dem Schwarm anschließen. Nach Ablauf einer weiteren Woche kann dann das weisellose Volk mit einer jungen, begatteten Königin neu beweiselt werden. Erst jetzt ist ein Abschwärmen nicht mehr zu erwarten. Gleich welche Maßnahme durchgeführt wird, Einbußen beim Honigertrag und bei der Volksstärke sind nicht mehr zu vermeiden. Deshalb früh dem Schwärmen entgegenwirken.

Verdeckelte Schwarmzellen

Die Larvenentwicklung der heranwachsenden Königinnen geht rasant von statten. Bereits am neunten Tag nach der Eiablage wandeln sich die Larven zu Puppen und die Weiselzellen werden verdeckelt. Sobald die ersten Zellen dieses Entwicklungsstadium erreicht haben, kann es zum Abschwärmen kommen. Dies geschieht dann meist an einem warmen und sonnigen Tag um die Mittagszeit. Doch noch hat der Schwarm die alte Behausung nicht verlassen. Oder doch?

Die Königin hat in den letzten Tagen keine Eier mehr gelegt, sie musste ihre Eierstöcke zurückentwickeln, um flugfähig zu werden. Dadurch ist sie aber auch kleiner und wendiger geworden. Sie jetzt im Volk zu

Bei fortgeschrittener Schwarmstimmung müssen alle Weiselzellen entfernt und außerdem Bienen entnommen werden.

Durch Entnahme eines Kunstschwarms wird dem Abschwärmen des Volkes vorgegriffen.

Damit dies Wirkung zeigt, müssen von mindestens acht Waben Bienen entnommen werden.

finden ist nicht ganz einfach, denn so kurz vor dem Abschwärmen halten sich fast alle Bienen diese Volkes im Stock auf, gesammelt wird nur noch in minimalem Umfang. Entsprechend dicht drängen sich die Arbeiterinnen, aber auch viele Drohnen haben sich eingefunden und irgendwo in dem Gewusel befindet sich die kleine Königin.

Kunstschwarm bilden Hier steht der Schwarm also unmittelbar bevor, doch dazu soll es nicht kommen. Denn es lässt sich nicht beeinflussen, wo sich dieser niederlassen wird, also auch nicht, ob er von dort einzufangen ist. Also muss schnell gehandelt werden. Und da bleibt nur noch der Kunstschwarm. In diesem Fall werden die Bienen der unteren Brutraumzarge in eine Kunstschwarmkiste abgestoßen. Mit sehr hoher Wahrscheinlichkeit gelangt so auch die Königin in diese Kiste, denn sie hält sich kurz vor dem Schwärmen bereits in der Nähe des Fluglochs auf. Spätestens nach einer Stunde hat man Gewissheit: Ist die Königin dabei, werden die Bienen sich in der Kunstschwarmkiste wie ein Naturschwarm verhalten und als Traube ruhig zusammen sitzen. Laufen sie allerdings ausgesprochen unruhig in der Kunstschwarmkiste umher und lassen einen lauten Summton vernehmen, fehlt die Königin. Der Kunstschwarm mit Königin wird in eine Beute mit Mittelwänden eingeschlagen, eine Futterwabe darf auf keinen Fall dazu gegeben werden. Dies würde den Auszug des Schwarmes aus der neuen Beute nach sich ziehen. Im Ursprungsvolk müssen alle Schwarmzellen gebrochen werden, um einen weiteren Schwarm zu verhindern.

Das Volk in Schwarmstimmung

Was begünstigt die Schwarmstimmung?	Was kann ich tun?
Futtersaft im Überfluss	Im Brutraum Leerwaben und Drohnenrähmchen anbieten: Die Königin benötigt immer ausreichend Wabenfläche, um diese bestiften zu können. Heranwachsende Larven benötigen für ihre Entwicklung reichlich Futtersaft und binden so viel Energie.
Honig/Pollen im Überfluss	Honigraum erweitern, Pollenwaben entnehmen: Die Königin hat wieder freie Wabenfläche zum Eierlegen zur Verfügung, wenn der Honig im Honigraum eingelagert werden kann.
Wachs im Überfluss	Mittelwände und Drohnenrähmchen anbieten: Nun kann das von den zahlreichen Arbeiterinnen produzierte Wachs verarbeitet werden. Mittelwände binden dabei mehr Wachs als schon ausgebaute Waben.
Angeblasene Schwarmzellen	Volk schröpfen und erweitern: Bei bestehender Tracht ist es am sinnvollsten, einzelne Brutwaben mit viel verdeckelter Brut zu entnehmen und durch Mittelwände zu ersetzen.
Bestiftete Schwarmzellen	Volk schröpfen und erweitern: Hier werden Mittelwände direkt in das Brutnest gehängt. Um den Wärmehaushalt zu korrigieren, werden diese dann zügig ausgebaut.
Larven in Schwarmzellen	Kunstschwarm oder Königin entnehmen: Wird die Königin entnommen, muss eine Woche später erneut das ganze Volk auf Nachschaffungszellen durchgesehen werden.
Verdeckelte Schwarmzellen	Kunstschwarm entnehmen: Hierfür werden die Bienen der unteren Brutraumzarge in eine Kunstschwarmkiste gestoßen. Mit großer Wahrscheinlichkeit ist hier auch gleich die Königin dabei.

Durch einen Trichter lassen sich die Bienen gut in eine Kunstschwarmkiste einschlagen.

Die Bienen werden mit Wasser besprüht und vor die neue Beute geschüttet. Schnell laufen sie ein.

Das Volk schwärmt – und nun?

Allen Bemühungen zum Trotz ist das Volk doch abgeschwärmt. Nun sind zwei Dinge zu klären: Wie ist mit dem Schwarm zu verfahren? Und wie soll es nun im Restvolk weitergehen. Denn auch dieser Volksteil soll erhalten werden.

Das Restvolk

Schon kurze Zeit nach dem Abschwärmen setzt im Restvolk wieder der normale Flugbetrieb ein, allerdings in reduziertem Umfang, da die Hälfte der Sammlerinnen das Volk mit dem Schwarm verlassen hat. Aufgrund des großen Brutnestes schlüpfen in den Folgetagen viele junge Bienen, und schon bald ist der Verlust an Arbeiterinnen nicht mehr zu bemerken. Doch eine junge Königin ist noch nicht geschlüpft, wenn sich bislang nur verdeckte Weiselzellen finden.

Verdeckelte Weiselzellen im Restvolk.

Diese dürfen jetzt keinesfalls alle ausgebrochen werden, es sei denn, eine begattete junge Königin soll hier in Kürze eingesetzt werden. Andernfalls hat das Volk keine weitere Möglichkeit, sich eine neue Königin zu beschaffen, würde nach einigen Wochen der Weisellosigkeit drohnenbrütig werden und in der Folge eingehen. Soll eine Königin aus den Schwarmzellen zukünftig im Volk für Nachwuchs sorgen, ist es erforderlich, bis auf eine Zelle alle anderen zu entfernen, um ein weiteres Abschwärmen und damit eine weitere Verringerung der Volksstärke zu verhindern. Bis zum Schlupf und dem Beginn der Eiablage dieser Königin werden mindestens drei Wochen vergehen, in denen auf jede weitere Störung am Volk verzichtet werden sollte.

Eine unbegattete Königin im Restvolk

Erfolgt die Kontrolle eines Volkes zu einem Zeitpunkt, da die erste Königin bereits geschlüpft ist, aber noch nicht mit der Eiablage begonnen hat, ist die Störung des Volkes so gering wie möglich zu halten und schnell zu beenden. Es besteht sonst die Gefahr, die noch sehr flinke und flugfähige Königin zu verlieren, entweder dadurch, dass diese hinunterfällt oder auffliegt und nicht wieder in ihr Volk zurückfindet, oder sie gelangt aus Versehen in den Honigraum und kann dann nicht zum Begattungsflug ausfliegen. Eine solche Ausgangssituation zeigt sich an geschlüpften oder ausgebissenen, aber noch deutlich zu erkennenden Schwarmzellen. Liegt der Schwarmzeit-

Ist das Volk abgeschwärmt, werden bis auf eine Weiselzelle alle anderen entfernt.

punkt schon länger zurück, haben die Arbeiterinnen das Wachs der Weiselzellen schon abgetragen, um es an anderer Stelle wiederzuverwenden, und die Zellen sind nur noch rudimentär erkennbar.

Der Schwarm

Manchmal laufen alle Schwarmverhinderungsmaßnahmen ins Leere und das Unvermeidliche tritt ein: Der Schwarm verlässt die Beute. Doch noch ist nicht alles verloren, denn es bleibt die Hoffnung, dass der Schwarm sich an einer erreichbaren Stelle niederlässt.

Ein Schwarm in der Luft

20.000 Bienen drängen sich in einem Luftraum, der im Durchmesser nur wenige Meter beträgt, das Geräusch ist atemberaubend und beeindruckend zugleich. Doch dieses Naturschauspiel ist nur von kurzer

Ein Schwarm in der Luft ist ein beeindruckendes Naturschauspiel, sorgt in der Nachbarschaft aber manchmal auch für Unmut.

Dauer, denn schon nach wenigen Minuten beginnen die Bienen sich um ihre Königin zu sammeln, die nicht weit von der Beute entfernt einen Platz zum Verweilen gefunden hat. Alle Schwarmbienen folgen und schnell bildet sich eine große Traube aus Bienenleibern. Ist der Imker zufällig am Ort, wird er versuchen, die Bienen wieder einzufangen. Doch wie stellt man das an?

Schwarmlockstoffe versprechen zwar eine willkommene Hilfe, zeigen sich aber in der Praxis als wenig geeignet. Es ist also Handarbeit angesagt. Dazu gibt es drei mögliche Strategien.

Finden Sie die Königin

Irgendwo in dem planlos scheinenden Gewusel muss sich die Königin befinden. Aber wo? Doch bei genauerem Hinsehen entpuppt sich das Gewusel gar nicht als planlos. Es ist vielmehr so, dass der überwiegende Teil der Arbeiterinnen sehr ruhig sitzt, lediglich einige Spürbienen erkunden die Umgebung nach einem geeigneten neuen Nistplatz, und einzelne Arbeiterinnen zeigen durch ihre Tanzsprache an, dass sie sich schon für ein neues Nest entschieden haben. Die Königin ihrerseits befindet sich nicht im Inneren der Schwarmtraube, sondern sie läuft auf der selbigen herum. So können auch die Bienen, die noch in der Luft sind, sie wahrnehmen und sich der Schwarmtraube anschließen. Da die Königin sich über die ganze Traube hinweg bewegt, ist es nur eine Frage der Zeit, bis man sie entdeckt. Doch dann muss man sie mit einem beherzten, aber vorsichtigen Griff einfangen, ohne sie zu verletzen oder gestochen zu werden. Das ist nicht ganz leicht, aber eben auch nicht unmöglich. Gelingt

dieses Vorhaben, wird die Königin in einen Drahtkäfig gesperrt und samt diesem in eine mit Mittelwänden bestückte Beute gehängt. Noch ein paar Bienen aus der Schwarmtraube dazu und dann das Ganze möglichst nahe, höchstens zwei Meter entfernt zum Schwarm aufgestellt. Die Bienen werden rasch den Weg zu ihrer Königin finden und der ganze Schwarm in die Beute einziehen. Am Folgetag befreit man die Königin aus ihrem Käfig. So ist der ausgezogene Schwarm erfolgreich eingefangen und kann zurück an den Bienenstand gebracht werden.

Auf der Bienentraube kann man oft die Königin entdecken und mit einem mutigen Griff einfangen.

Fangen Sie den Schwarm ein

Die Königin zu finden und aus dem Schwarm herauszufangen, ist nicht ganz einfach und gelingt nicht immer. Dann hilft manchmal nur die etwas unsanfte Art. Hier werden die Schwarmbienen vorsichtig mit Wasser besprüht, um deren Auffliegen zu vermeiden, und anschließend mit einem kräftigen Schlag auf den Ast, an dem die Traube hängt, in einen Eimer oder etwas Ähnliches geschlagen. Dabei sollte nur ein stabiles Gefäß zum Einsatz kommen, das sich gut festhalten lässt, denn ein Schwarm wiegt sechs Pfund und mehr. Aus dem Auffangbehälter wird der Schwarm sogleich in die endgültige Beute umgeschüttet und eine Zarge Mittelwände aufgesetzt. Ist die Königin mit in der Beute, werden die übrigen Bienen folgen und es kehrt Ruhe ein. Ist sie hingegen nicht dabei, ziehen alle Bienen wieder aus und das Katz- und-Maus-Spiel beginnt von Neuem.

Der Trick mit der Brutwabe

Lässt sich eine Schwarmtraube nicht so einfach einschlagen, kann man versuchen, eine Brutwabe mit möglichst viel offener Brut, also mit Larven, direkt in oder an die Traube heran zu bringen. Sobald die Bienen Kontakt zu der Wabe haben, werden sie zusammen mit ihrer Königin auf diese ziehen und sich um die Pflege der Larven kümmern. Dann kann man später die Wabe samt der daran ansitzenden Bienen in eine Beute manövrieren und hat so den Schwarm eingefangen.

Manchmal ist Improvisationstalent gefragt: Hier wurde der Schwarm im Schleier eingefangen. So lässt er sich problemlos transportieren.

Aus der Kunstschwarmkiste werden die Schwarm-bienen direkt in die neue Beute eingeschlagen.

Waben eines frei bauenden Bienenschwarms kön-nen in Rähmchen eingepasst werden.

Ein frei bauender Schwarm

Gelegentlich kommt es vor, dass ein ausge-zogener Schwarm keine geeignete Nisthöh-le findet und aus der Not heraus an einem überhängenden Ast oder einem Mauervor-sprung seinen Wabenbau errichtet. Die Sommermonate wird er so überleben kön-nen, doch im Winter machen die niedrigen Temperaturen die Verteidigung des Nestes gegen Fressfeinde unmöglich, und im Lauf der Zeit werden vor allem Vögel die Bienen-masse so weit reduziert haben, dass das Volk stirbt. Regen hingegen stellt für einen Bie-nenschwarm keine ernste Gefahr dar, denn über die Flügelflächen leiten die Bienen das Wasser wie über Dachziegel ab und ledig-lich die äußeren Arbeiterinnen werden nass.

Wird man als Imker zu einem solchen Volk gerufen, werden behutsam alle Waben gelöst und so gut wie möglich in leere Rähmchen eingepasst, um anschließend mit Draht gesichert zu werden. Dazu wird der Draht in mehreren Schlaufen um die

Rähmchen mit den eingepassten Waben gelegt und diese dann in eine leere Beute eingehängt. Die Bienen kehrt man so gut es möglich ist dazu und achtet besonders auf die Königin. Zu deren Schutz kann sie vorü-bergehend in einem kleinen Käfig unter-gebracht werden. Hat man Leerwaben zur Verfügung, werden diese als Erweiterungs-zarge über einem Absperrgitter sofort auf-gesetzt. Die Königin kommt dann in diese Zarge, um hier ihr Brutgeschäft fortsetzen zu können. Nach drei Wochen sind in der unteren Zarge alle Bienen geschlüpft und die Waben können ohne Brutverlust ent-fernt werden. Das Bienenvolk ist auf die Waben der oberen Zarge mit der Königin umgezogen und besetzt nun den sauberen und neuen Wabenbau. Eventuell muss in dieser Eingewöhnungsphase mit Zucker-wasser etwas gefüttert werden. Durch Auf-setzen einer Zarge mit Leerwaben wird das Bienenvolk später von den alten Waben ge-lockt und diese am Ende aussortiert.

Wie viel Platz braucht ein Bienenvolk?

Die Größe eines Bienenvolkes verändert sich im Laufe eines Jahres stark. Auf diese schwankende Volksstärke muss reagiert und das Beutenvolumen entsprechend angepasst werden. So können die Bienen die Nesttemperatur leichter konstant halten, ihr Volk besser verteidigen und den Nektar effektiver zu lagerfähigem Honig eindicken.

Winterbienen

Ein Bienenjahr endet nach der Sommersonnenwende und dem Abernten des letzten Honigs Mitte Juli bis Anfang August. Aufgrund der kürzer werdenden Tage und des zurückgehenden Nahrungsangebots bereiten die Völker sich auf den nahenden Winter vor. Um für die kalte Jahreszeit gut gerüstet zu sein und die lange, entbehrungsreiche Zeitspanne gut überbrücken zu können, erbrüten die Völker in den kommenden Wochen möglichst gut genährte Winterbienen mit einem voll ausgebildeten Fett-Eiweiß-Körper, der große Teile des Hin-

Im Winter besteht ein Volk aus einigen Tausend Bienen und der Königin.

terleibvolumens in Anspruch nimmt. Bei diesen Anstrengungen konzentrieren die Arbeiterinnen sich auf die Aufzucht von etwa 5.000 bis 8.000 Tieren, manchmal auch etwas mehr. Es werden aber nur so viele Winterbienen erzeugt, wie zu einer sicheren Überwinterung benötigt werden. Bei größeren Winterpopulationen würde mehr Honig, respektive Zuckerwasser, gebraucht, bei weniger als 5.000 Bienen bestünde die Gefahr des Erfrierens, weil nicht genug Wärme erzeugt werden könnte.

Während die Winterbienen nach und nach schlüpfen und sodas überwinternde Volk bilden, sterben die noch in großer Zahl vorhandenen Sommerbienen langsam eine nach der anderen, so dass Ende September nur noch die Königin mit ihrem Wintervolk übrig ist und sich zu einer eng sitzenden Wintertraube zusammenzieht. Das Volk geht also mit überwiegend jungen Bienen in den Winter.

Auch die Drohnenaufzucht endet im Juli und die vorhandenen Drohnen werden nicht weitergefüttert und schließlich in der Drohnenschlacht von den Arbeiterinnen aus den Völkern verdrängt und getötet. Im Winter finden sich nur Arbeiterinnen und die Königin im Bienenvolk."

Bevor ein Bienenvolk erweitert wird, sollten alle Waben mit Bienen besetzt sein.

Sommerbienen

Vielerorts nehmen die Bienenvölker bereits im Januar, manchmal sogar schon bei noch geschlossener Schneedecke, die Bruttätigkeit wieder auf und legen ein zunächst sehr kleines Brutnest an. Dieses erstreckt sich meist auf lediglich eine Wabengasse in Mitten der Wintertraube und erreicht nur Handtellergröße. Doch schon bald wächst das Brutnest und damit der Energiebedarf des Volkes. Die Winterbienen müssen ihre gesamten Fett-Eiweiß-Reserven aufbieten, um die erste Generation des neuen Jahres warm zu halten und mit Nährstoffen zu versorgen. So sterben viele dieser Winterbienen bevor oder während die Sommerbienen, schlüpfen. Die Völker verlieren vorübergehend an Stärke. Doch dieser Populationsknick ist schnell überwunden und die Individuenzahl steigt rasch an. Das Maximum mit etwa 40.000 Tieren ist schließlich im Mai oder Juni erreicht, sodass dann auch das Potenzial zum Schwärmen vorhanden ist. Schwärmt ein Volk dann ab, verlässt etwa die Hälfte aller Bienen das Nest, und plötzlich ist es in der Beute leerer geworden.

Erweitern, aber wie?

Soll das Beutenvolumen vergrößert werden, geschieht dies bei Magazinen durch das Aufsetzen ganzer Zargen. Damit beträgt die Erweiterung allerdings auf einen Schlag bis zu 100 Prozent. Dieser Zeitpunkt muss also passend gewählt sein, damit die Bienen den zusätzlichen Raum richtig klimatisieren können. Wird zu früh erweitert, geht wertvolle Wärme verloren; erfolgt die Erweiterung zu spät, ist vielleicht das Brutnest durch Pollen und Nektar schon eingeschnürt und damit der Schwarmstimmung der Weg bereitet.

Der aufgesetzte Honigraum wird durch ein Absperrgitter vom Brutraum getrennt.

Die Erweiterungszarge bestücken

Soll eine ganze Zarge aufgesetzt werden, wird diese idealerweise sowohl mit Mittelwänden als auch mit bereits ausgebauten Leerwaben bestückt. Dabei wird in Blöcken gearbeitet, so dass die fertigen Waben zentral hängen und von den Mittelwänden flankiert werden. Stehen keine Leerwaben zur Verfügung, kann auch ausschließlich mit Mittelwänden gearbeitet werden. Ausschließlich fertige Waben zu verwenden wäre kontraproduktiv, da die Bienen dann nicht bauen könnten und der Imker das Wachspotenzial nicht ausnutzen würde.

Bei den verwendeten Leerwaben soll es sich um unbebrütete Waben handeln, alle anderen Waben wurden bereits eingeschmolzen und finden keine Verwendung bei einer Erweiterung oder für Ableger. Dieses Vorgehen grenzt die Ausbreitung von Brutkrankheiten ein und reduziert drastisch den Eintrag von Krankheitskeimen in die Völker.

Gelegentlich wird empfohlen, bei einer Brutraumerweiterung und sogar bei der Honigraumfreigabe eine Brutwabe in die neue Zarge umzuhängen, um die Bienen schnell in diese Zarge zu locken und so die Annahme der Waben und Mittelwände zu beschleunigen. Davon ist abzuraten, denn die nun einzeln hängende Brutwabe kann nur schwer gewärmt werden und verlangt den Bienen eine zusätzliche Anstrengung ab. Es besteht hier die Gefahr von Brutverlusten durch Auskühlen und damit der Ausbreitung von Brutkrankheiten. Außerdem könnte versehentlich die Königin beim Wabentausch in den Honigraum gelangen und dadurch das ganze Volk im wahrsten Sinne des Wortes auf den Kopf gestellt werden.

Das Brutnest kompakt halten Um die Bienen schnell in die frisch aufgesetzte Zarge zu locken, ist es sinnvoller, in der unteren Zarge eine Randwabe zu entnehmen, beispielsweise eine überschüssige Futterwabe.

Für die Erweiterungszarge kommen Mittelwände oder unbebrütete Leerwaben infrage.

Diese Futterwabe kann später einem Ableger gegeben werden. Anschließend wird das Brutnest von der Mitte her auseinandergeschoben, sodass eine Leerstelle mitten im Brutnest entsteht. An diese Position kommt nun eine Mittelwand. Das Bienenvolk ist jetzt gezwungen, diese Mittelwand zügig auszubauen, um wieder ein geschlossenes und gut zu temperierendes Brutnest herzustellen. Durch die Bündelung von Bau- und Brutaktivität an dieser zentralen Stelle gelangen die Bienen gleichfalls auf die darüberhängenden Waben und integrieren diese in ihren Aktivitätsbereich. Es wird also Nektar eingetragen und mit dem Ausbau der flankierenden Mittelwände begonnen. Mit diesem kleinen Trick ist der Honigraum schnell angenommen.

Einengen, aber wie?

Mit zurück gehendem Brutnestumfang zum Herbst, nach einer Zeit der Weisellosigkeit oder dem Abschwärmen, verliert ein Bienenvolk an Stärke und besetzt nicht mehr alle Waben. Es ist dann sinnvoll, das Beutenvolumen den neuen Bedingungen anzupassen und gegebenenfalls eine Zarge abzunehmen. Durch das Abfegen der Bienen der am schwächsten besetzten Zarge lässt sich dieses Vorhaben schnell umsetzen. Häufig wird dies die untere Brutraumzarge sein. Die ansitzenden Bienen werden dabei unmittelbar vor das Flugloch der Beute oder in die verbleibende Brutraumzarge gefegt.

Gelegenheit zur Wabenerneuerung Günstig ist diese Gelegenheit, um besonders dunkle und damit alte Waben auszusortieren. Soll-

Ist im Herbst die untere Zarge nicht mehr besetzt, wird sie entfernt, das Bienenvolk eingeengt.

Das Volk überwintert auf einer Zarge, die Altwaben werden eingeschmolzen.

te auf einer solchen Wabe noch eine kleine Restfläche verdeckelter Brut zu finden sein, wird die Wabe dennoch ausgesondert und anschließend eingeschmolzen. Es ist wichtiger, die dunklen Waben aus den Völkern herauszubekommen, als auf die letzten Brutzellen Rücksicht zu nehmen. Gleichzeitig verlassen so auch noch einige Milben das Volk, und der Hygienegewinn überwiegt den Verlust an Arbeiterinnen. Beim Aussortieren werden außerdem jene Waben entfernt, die neben den Arbeiterinnenzellen auch Wabenzellen für die Aufzucht von Drohnen aufweisen oder sonst sehr unförmig geraten sind.

Gerade im zeitigen Frühjahr sitzen viele Bienenvölker bei zweiräumiger Überwinterung in der oberen Zarge. Jetzt kann ohne großen Aufwand bei minimaler Störung die untere Zarge entfernt und das Bienenvolk enger gesetzt werden. Den Bienen wird damit das Wärmen der Brut erleichtert und so die Frühjahrsentwicklung begünstigt. Im April kann dann der zweite Brutraum aus jungen Waben aufgesetzt werden. Bei diesem Rotationsprinzip bleibt eine Wabe nicht länger als zwei Jahre im Volk.

Bienenvölker einfüttern

Der Honig ist zu großen Teilen entnommen und im Austausch dafür werden die Völker nun mit einer Zuckerlösung gefüttert. Diese kann selbst aus Haushaltszucker und Wasser im Verhältnis 3 : 2 angemischt werden, ist aber wegen des ausschließlich vorhandenen Rohrzuckers nicht zu empfehlen.

Besser ist die Verwendung von fertigem Futtersirup oder Futterteig, den der Fachhandel anbietet. Hier liegen verschiedene Zuckerarten vor, die sich für die Überwinterung der Bienen besonders eignen.

Entweder über eine spezielle Futterzarge oder unter Verwendung einer Leerzarge wird der Zucker angeboten. Bei einer Sirupfütterung stellt man den Eimer mit der Lösung in diese hinein und erleichtert den Bienen den Zugang durch etwas Stroh oder eine andere Steighilfe. Puderzuckerteig kann als Block direkt auf die Rähmchen in die Leerzarge gegeben werden. In den folgenden Tagen werden die Bienen das Futter abnehmen und in ihren Waben einlagern. Je Bienenvolk werden für die Überwinterung etwa 15 kg Zucker benötigt. Portionspakete mit Teig oder Sirup werden angeboten.

Zur Auffütterung empfehlen sich Puderzuckerteige, die es in Portionspaketen zu kaufen gibt.

Füttert man mit Flüssigfutter, ist eine Schwimmhilfe für die Bienen unbedingt erforderlich.

Schnee auf den Beuten und vor den Fluglöchern muss nicht entfernt werden, er schützt vor strengem Frost.

Bienenvölker im Winter

Die Bienensaison beginnt etwa im März und endet im Oktober. Während des Winterhalbjahres beschränken sich die Fürsorgepflichten eines Imkers auf regelmäßige Kontrollen am Stand, bei denen die Durchgängigkeit der Fluglöcher für die Bienen sowie der Schutz vor Mäusen in Augenschein genommen werden. Eine dicke Schneedecke muss nicht entfernt werden, bedeutet sie doch einen gewissen Schutz vor strengen Frösten. Lediglich zur Winterbehandlung der Varroamilbe werden die Beuten einmalig geöffnet.

Schnee begünstigt Brutaktivität Bei geschlossener Schneedecke wirkt diese schützend vor strengem Frost, sodass die Bienen oft schon früh ihre Brutaktivität aufnehmen. Damit steigt dann auch der Futterverbrauch. Gravierendere Auswirkungen hat das frühe Brutgeschäft allerdings auf die Population der Varroamilbe: Brütet ein Bienenvolk schon sehr zeitig oder gar durchgehend, steigt auch im Winter die Milbenzahl an und kann dann im Sommer gefährlich hohe Befallsgrade erreichen. Das frühe Ausschneiden der Drohnenbrut ist dann besonders wichtig.

Varroa – eine Herausforderung

Die Varroamilbe *(Varroa destructor)* ist eine ständige Bedrohung für die Gesundheit der Bienen und bedarf regelmäßiger Überwachung und Behandlung. Mit einer sinnvoll gewählten Kombination aus biotechnischen und chemischen Behandlungsverfahren lässt sich die Milbenzahl eines Bienenvolkes gut unter der Schadschwelle halten und damit größerer Schaden für das Bienenvolk oder sogar der Totalverlust vermeiden. Hier ist der Imker ganz besonders gefordert!

Wie vermehrt sich die Varroamilbe?

In einem brütenden Bienenvolk verdoppelt sich die Milbenzahl etwa alle vier Wochen. Bei einer angenommenen Startpopulation von 100 Milben im Februar zu Beginn der Brutaktivität steigt somit die Milbenzahl auf rund 3.200 im Juli an. Mit einer solchen Belastung überlebt ein Bienenvolk zwar die erste Jahreshälfte, aber mit zurückgehendem Brutumfang nach der Sommersonnenwende steigt der Anteil parasitierter Brutzellen überproportional an. Das ist zu dieser Jahreszeit besonders dramatisch für die Zukunftsaussichten des ganzen Volkes, denn in den nächsten Wochen entstehen die

Die Milbenpopulation muss ständig kontrolliert und unter der Schadschwelle gehalten werden.

Winterbienen, die besonders fit und vital sein müssen, da sie bis zum kommenden Frühjahr das Wintervolk bilden. Es schlüpfen also im kontinuierlich kleiner werdenden Brutnest immer mehr Varroa-geschädigte Jungbienen.

Milbenzahl biotechnisch reduzieren

Während der Trachtzeit schließt sich die Behandlung eines Bienenvolkes gegen die Varroamilbe mit zugelassenen Präparaten wegen einer damit verbundenen Verunreinigungsgefahr des Honigs mit diesen Wirkstoffen aus. Dennoch soll die Milbenzahl im Volk möglichst gering gehalten werden, um ein vitales Volk zu erhalten. Die regelmäßige Entnahme der verdeckelten Drohnenbrut ist dabei nur ein Baustein zum Erfolg (siehe Seite 40).

Brutpause und Austausch der Königin

Grundsätzlich kann ein Bienenvolk für einen begrenzten Zeitraum auch ohne Königin und Brut geführt werden. Somit ist die Vermehrung der Milben unterbrochen und bis zur Wiederaufnahme der Brutaktivität eines Volkes ein Teil der vorhandenen Milben gestorben. Bei diesem Vorgehen kann nebenbei eine neue Königin eingeweiselt werden und somit eine Verjüngung des Volkes stattfinden. Diese Neubeweiselung sollte etwa drei bis vier Wochen nach der Entnahme der alten Königin erfolgen.

Wird die alte Stockmutter aufgrund bestehender Schwarmstimmung herausgenommen, besteht im Folgenden dennoch die Gefahr des Abschwärmens, denn etwa eine Woche nach der Entnahme der alten Königin finden sich bereits verdeckelte Nachschaffungszellen im Brutnest. Werden diese nicht ausnahmslos entfernt, wird das Volk mit der ersten schlüpfenden Jungkönigin dann doch noch ausziehen. Ein weiterer Nachteil ist der nachlassende Sammeleifer, solange keine Königin und keine Brut im Volk sind. Dies kann sich nachteilig auf eine zu erwartende Sommertrachternte auswirken.

Jungvölker bilden und früh behandeln

Eine Alternative zur Brutpause im Altvolk ist die frühzeitige Bildung von Ablegern mit anschließender Milbenbehandlung. Diese Ableger können entweder gleichzeitig mit der Frühjahrshonigernte gebildet werden oder später im Jahr zur Schwarmverhinderung.

Entscheidend ist dabei, möglichst wenige Milben mit in diese Ableger zu bringen, weshalb sich Kunstschwärme oder Treiblinge anbieten. Diese Ableger werden dann auf einen separaten Ablegerstand gebracht, um einer Reinvasion mit Varroamilben aus den Muttervölkern und einer möglichen Räuberei vorzubeugen. Hier können dann sogleich junge Königinnen eingesetzt und, sobald die erste Brut in diesen Jungvölkern geschlüpft ist, mit Ameisensäure gegen die

In einem vitalen und milbenarmen Volk bilden die Arbeiterinnen einen Hofstaat um die Königin.

Milben behandelt werden. Eine Honigernte ist hier schließlich in diesem Jahr ohnehin nicht zu erwarten.

Nach Trachtende und der erfolgten Honigernte an den Altvölkern werden diese dann ebenfalls behandelt und mit den Jungvölkern zurückvereinigt. So bleibt die Völkerzahl konstant und durch eine frühe Erstellung und Behandlung der Ableger entstehen gesunde, bienenstarke und überwinterungsfähige Einheiten.

Das Verfahren zur Ablegerbildung und Führung der Altvölker wird ab Seite 94 ff ausführlich behandelt.

Wie behandle ich meine Völker im Sommer?

Unmittelbar nach der letzten Honigernte muss eine Behandlung der Völker gegen die Varroamilbe durchgeführt werden. Da die Bienen zu dieser Jahreszeit Brut pflegen

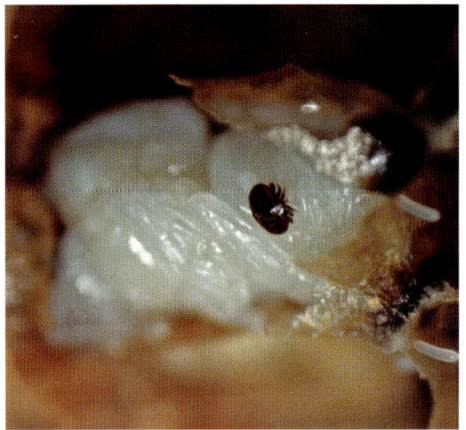

*Die Varroamilbe parasitiert sowohl die erwach-
senen Bienen als auch die Brut. Hier vermehrt sie
sich auch.*

*Durch Ameisensäure lässt sich die Milbenzahl
deutlich reduzieren und unter die Schadschwelle
absenken.*

und die Winterbienen aufziehen, kommen nur wenige Mittel infrage. Die synthetischen und für die Anwendung bei der Honigbiene zugelassenen Mittel sollten nicht angewendet werden, da es hier zu Resistenzentwicklungen seitens der Milben kommen kann oder bereits gekommen ist. Deshalb empfehlen sich die organischen Stoffe, allen voran die Ameisensäure.

Ameisensäure

Ameisensäure wirkt sowohl gegen die Milben auf den erwachsenen Bienen als auch durch den geschlossenen Deckel einer Brutzelle hindurch und ist deshalb das Mittel der Wahl. Die zu diesem Zwecke zugelassene medizinische Ameisensäure mit einem Säuregehalt von 60 % kann mittels eines Verdunsters in ein Bienenvolk eingebracht werden, um durch die entstehenden Dämpfe die Milben abzutöten. Während der Verdunstungsphase von mehreren Tagen soll der Bodenschieber geschlossen sein, um ei-

ne ausreichend hohe Säurekonzentration in der Stockluft zu erreichen. Gleichzeitig bietet ein weit geöffnetes Flugloch den Bienen die Möglichkeit, der verdunstenden Säure auszuweichen. Diese Applikation wird zweimal durchgeführt, und zwar das erste Mal direkt nach der letzten Honigernte und ein weiteres Mal nach der Einfütterung mit Zuckerwasser.

Der Anwender muss beim Umgang mit Ameisensäure geeignete Schutzkleidung, säurefeste Handschuhe und eine Schutzbrille tragen. Wichtig ist vor, während und nach der Behandlung die Auswertung des Milbentotenfalls, um die Wirksamkeit der Behandlung nachzuhalten. Der erhöhte Milbenfall hält noch zwei Wochen nach Behandlungsende an, bis alle behandelten Bienen geschlüpft sind. Anschließend dürfen täglich nur noch 0,5 Milben pro Tag abfallen, ansonsten muss nachbehandelt werden. Auf dem Bodenschieber lassen sich die abgefallenen Milben auszählen.

Wie behandle ich meine Völker im Winter?

Im Winter kann dann eine Restentmilbung durchgeführt werden, für die sich eine derzeit noch apothekenpflichtige Oxalsäurelösung anbietet. Daneben gibt es weitere Behandlungsmethoden und wiederum synthetische Wirkstoffe, auf die hier aber nicht eingegangen werden soll. Die Winterbehandlung muss im brutfreien Volk zum Einsatz kommen, da die entsprechenden Wirkstoffe nur die Milben auf den erwachsenen Bienen erreichen. Oxalsäure wirkt nicht in die Brutzellen hinein und tötet nur die Milben auf den Bienen.

Oxalsäure im brutfreien Volk

Die einzige derzeit zugelassene Oxalsäureapplikation im Bienenvolk ist das Träufelverfahren. Dazu wird auf die Bienen in der geöffneten Wintertraube eine Säurelösung gegeben, die die Bienen aufnehmen und die zu einer Verschiebung des ph-Wertes des Bienenbluts führt. Milben, die sich von diesem übersäuerten Bienenblut ernähren, sterben daran. Es darf nur eine Anwendung erfolgen, da sonst auch die Bienen an der Säureeinwirkung zugrunde gehen. Auch hier wird über die Schublade die Wirksamkeit kontrolliert, aber keinesfalls mit Oxalsäure nachbehandelt.

Oxalsäurelösung wird im brutfreien Zustand auf die Bienen in der Wintertraube geträufelt.

Gibt es eine Akutbehandlung für den Notfall?

Trotz einer guten Varroakontrolle und Behandlung kann es in Einzelfällen zu einem plötzlichen Anstieg der Milbenzahl in einem Bienenvolk kommen. Oftmals ist dafür eine unbemerkte Räuberei der eigenen Völker an einem fremden Bienenstand verantwortlich, beispielsweise an schlecht oder gar nicht behandelten Völkern. So kommt es dann zu einer Verschleppung von Milben aus diesen Völkern, die während des Räuberns auf diese Bienen aufsteigen und so in die gesunden und milbenarmen Völker verschleppt werden. Fällt diese Milbeninvasion dramatisch stark aus, muss schnell gehandelt werden, um größeren Schaden vom Volk abzuwenden. Unter Umständen muss dann sogar auf eine weitere Honigernte verzichtet werden, denn nach einer Varroabehandlung darf in der laufenden Saison aus diesen Völkern kein Honig mehr entnommen werden. Wartet man allerdings zu lange mit der Behandlung, kann es für den Fortbestand eines stark parasitierten Volkes zu spät sein. Auch deshalb sollten Sie die Befallsentwicklung regelmäßig kontrollieren.

Zu empfehlen ist bei akutem Handlungsbedarf die Verabreichung von Ameisensäure über einen Verdunster, wie er im Fachhandel zu bekommen ist. Die verdunstende Ameisensäure tötet schnell die Milben auch in den verdeckelten Brutzellen, ohne den Bienen ernsthaft zu schaden. Nur durch beherztes Handeln kann so der spätere Zusammenbruch eines stark betroffenen Volkes verhindert werden.

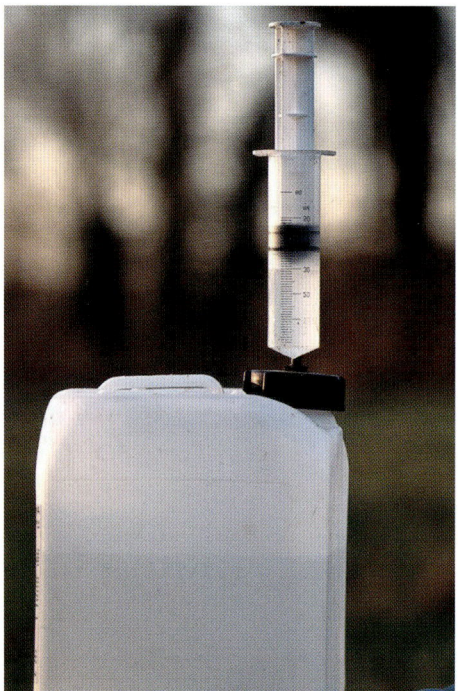

Im Notfall wird ein stark befallenes Volk mit Ameisensäure behandelt.

Buchtipp

Ausführliche aktuelle Informationen zur Diagnose und Behandlung von Varroose finden Sie im empfehlenswerten Buch „Varroose – erkennen und erfolgreich bekämpfen" von Dr. Friedrich Pohl.

Integrierte
Völkerführung

Wie leben wilde Bienenvölker?

Es gibt viele Wege und Möglichkeiten, die zum Erfolg führen – besonders bei der Ablegerbildung. Jede Methode hat Vor- und Nachteile, doch der Imker sollte sich dabei möglichst nah am Vorbild der wild lebenden Bienenvölker orientieren. Schauen wir also, wie Bienenvölker von Natur aus leben, sich vermehren und welche Grundregeln dabei berücksichtigt werden.

Vermehrung durch Teilung

Bienenvölker vermehren sich durch Teilung einer bestehenden Kolonie in zwei etwa gleich große Volksteile, berücksichtigt man bei dieser Einschätzung nur die erwachsenen Bienen eines Volkes. Beim Schwärmen verlassen rund 20.000 Arbeiterinnen mit der alten, begatteten Königin das Nest und gründen in einem geeigneten Hohlraum, etwa einer verlassenen Spechthöhle, eine neue Kolonie. Dort müssen zunächst neue

Ein frei bauendes Bienenvolk in einem hohlen Baum: So leben wilde Honigbienen.

Waben gebaut werden, bevor die Königin die Eiablage wiederaufnehmen kann. Ein Teil der Arbeiterinnen beginnt zeitgleich mit der Suche nach Nektar und Pollen, um die Versorgung des neuen Volkes mit Nahrung sicherzustellen.

Ein Schwarm zieht normalerweise zwischen Ende April und Ende Juni aus, um mit dem Bau des neuen Nestes zu beginnen, also in einer Jahreszeit, in der es ein großes Angebot an Blütenpflanzen gibt und noch genügend Zeit bleibt, sich auf den kommenden Winter vorzubereiten.

Ableger nach dem Vorbild der Natur

Bei der Erstellung von Ablegern sollten wir uns immer an dieses Vorbild erinnern und danach handeln. In der Praxis heißt das für uns, die Ableger nicht – wie lange Zeit sehr üblich – durch Brutwaben zu erstellen, sondern auch hier ausschließlich auf die Kraft der erwachsenen Bienen zu setzen. Wir entnehmen also nur Bienenmasse, aber keine Brut. Lediglich zur Schwarmverhinderung bei gleichzeitiger Königinnenvermehrung im Sammelbrutableger werden Brutwaben zur Schröpfung der Völker entnommen. Der richtige Zeitpunkt, Ableger zu bilden, fällt für uns in die erste Junihälfte. Somit können die Völker die Frühtracht voll ausschöpfen und bringen dem Imker eine reiche Honigernte ein. Während dieser Zeit wachsen die Völker zu großen Einheiten heran und können dann ohne Schwierigkeiten Bienenmasse abgeben. Die Völker bersten zu dieser Jahreszeit fast vor Bienen und Brut und ohne einen Eingriff würden viele Völker ohnehin schwärmen. Der Zeitpunkt ist also ideal gewählt.

Hinzu kommt, dass zu dieser Jahreszeit junge Königinnen zu bekommen sind, die sofort in die Jungvölker eingesetzt werden und dort das Brutgeschäft aufnehmen können. Hier weichen wir etwas von der Natur ab, indem wir eine junge, aber bereits begattete Königin für die Ableger verwenden. So erreichen wir eine Verjüngung der Stockmütter und erhalten damit eine hohe Eierlegeleistung. Die alte Königin verbleibt im Muttervolk, damit sorgen wir hier für Kontinuität und umgehen die Schwierigkeit, eine junge Königin in ein bestehendes Bienenvolk einzuweiseln.

Aus diesen Überlegungen heraus bieten sich nun zwei Verfahren zur Ablegerbildung, orientiert am Vorbild der Natur, an: Der Kunstschwarm und der Treibling.

Wie bildet man einen Kunstschwarm?

Ein Kunstschwarm kommt dem natürlichen Vorbild sehr nahe, denn es handelt sich um Bienenmasse, die mit einer neuen Königin auf Mittelwände eingeschlagen wird und so eine neue Kolonie gründet. Dabei werden für gewöhnlich etwa 3 Pfund Bienen, das entspricht etwa 12.000 Tieren, von den Waben eines oder mehrerer Altvölker abgestoßen und in eine leere Beute geschlagen. Diese Bienen bekommen eine

Ein Bienenschwarm in der Luft auf der Suche nach einem neuen Nistplatz – ein wirklich beeindruckender Anblick.

junge, begattete Königin und für die Anfangszeit eine Wabe mit Honig oder eine übrig gebliebene Futterwabe des vergangenen Winters. Alle anderen Waben müssen die Bienen selbst bauen. Dafür stellen wir ihnen Mittelwände zur Verfügung.

Dieses Verfahren lässt sich in den Monaten Mai bis Juli zu jeder Zeit durchführen, vorausgesetzt, es steht eine junge begattete Königin zur Verfügung. Häufig wird ein Kunstschwarm gleichzeitig mit der Honigernte erstellt, indem die Bienen von den Honigwaben abgekehrt und zu Kunstschwärmen zusammengefegt werden. Es stellt sich dann aber immer wieder die Schwierigkeit, sich gleichzeitig um die Kunstschwärme und um den geernteten Honig kümmern zu müssen. Außerdem kann das Abfegen der Honigwaben für den Imker sehr kräftezehrend werden, denn jede Wabe muss einzeln herausgenommen werden. Zudem besteht die Gefahr, eine Räuberei am Bienenstand auszulösen. Deshalb sollten die einzelnen Arbeitsschritte auf mehrere Termine verteilt werden.

Soll ein Kunstschwarm gebildet werden, muss zunächst die Königin gefunden und separiert werden.

Die Bienenschicht in der Kunstschwarmkiste sollte etwa 10 cm hoch sein.

Kunstschwarm: So gehen Sie vor

Königin finden Aus einem starken Volk sollen Bienen entnommen werden, entweder als Schwarm-vorbeugende Maßnahme oder zur Erstellung eines Ablegers. Dazu muss zunächst die Königin des Volkes gefunden werden, um diese nicht versehentlich mit in den Kunstschwarm zu bringen und damit das Altvolk zu entweiseln. Der Honigraum wird ungeöffnet abgenommen und zur Seite gestellt. Hier kann die Königin sich nicht aufhalten. Daraufhin werden die beiden Braträume getrennt, um ein Wechseln der Königin von der einen zur anderen Zarge auszuschließen. Anschließend wird die Suche im oberen Brutraum begonnen, sinnvollerweise auf den Drohnenwaben. Hier hält die Königin sich besonders häufig auf. Genau jene Waben mit vielen Eiern werden deshalb besonders gründlich abgesucht, aber auch die Randwaben nicht außer Acht gelassen. Erst nachdem die gesamte obere Zarge erfolglos durchsucht worden ist, kommt die untere Zarge an die Reihe. Ist dann die Königin gefunden, wird sie in die obere Brutzarge gesetzt, um anschließend die Bienen der unteren Zarge abstoßen zu können. Dieser Vorgang soll möglichst zügig durchgeführt werden, weshalb hier zunächst sämtliche Waben mit dem Stockmeißel gelöst werden und durch Entnahme einer Wabe etwas Platz geschaffen wurde.

Bienen abfegen Nun kann die Bildung des Kunstschwarms beginnen. In eine bereitgestellte Kunstschwarmkiste mit Trichter werden die ansitzenden Bienen aller Waben aus der unteren Zarge abgestoßen oder abgefegt. Hier ist schnell aber nicht hastig zu arbeiten, damit möglichst wenige Bienen zwischenzeitlich aus der Kunstschwarmkiste herausfinden und ins Ursprungsvolk zurückfliegen. Der Trichter wird zwischendurch immer wieder mit Wasser eingesprüht, damit die Bienen an den glatten Flächen keinen Halt finden. Die Bienen auf den Waben hingegen sollten besser nicht eingesprüht werden, denn dann halten sie sich besonders gut fest und lassen sich nicht abstoßen.

Jede abgeschüttelte Wabe kommt sogleich zurück in die Beute, um die Reihenfolge der Waben nicht zu vertauschen. Abschließend werden der obere Brutraum sowie der Honigraum wieder aufgesetzt und der Eingriff am Volk beendet. Die Kunstschwarmkiste wird kräftig auf den Boden gestoßen, sodass alle Bienen darin zusammengestaucht werden.

Größe abschätzen Jetzt lässt sich die Kunstschwarmstärke einschätzen. Es sollte eine Bienenschicht von etwa zehn Zentimetern in der Kiste sein, was einem Gewicht von drei bis vier Pfund oder 10.000 bis 15.000 Bienen entspricht. Ist diese Bienenmenge nicht erreicht, können aus einem anderen Volk weitere Bienen hinzugegeben werden. Direkt nach dem Aufstauchen des Kunstschwarmkastens wird der Trichter abgenommen und sofort durch einen passenden Deckel ersetzt.

Weiselunruhe Der Kunstschwarm wird anschließend an einen kühlen Ort gebracht, bis Weiselunruhe eingetreten ist. Bereits nach etwa einer Stunde haben die Bienen den Verlust ihrer Königin bemerkt und beginnen zu sterzeln: Sie richten ihren Hinterleib auf, öffnen die Pheromondrüse am letzten Hinterleibssegment und ventilieren kräftig mit ihren Flügeln. Sie versuchen durch den so erzeugten Duftstrom eine Königin anzulocken und signalisieren dem Imker durch dieses Verhalten ihre Bereitschaft, eine begattete Königin anzunehmen.

Königin und Futter Diese kann dann in ei-nem Zusetzkäfig von außen auf das Drahtgewebe der Kunstschwarmkiste gelegt werden. Die Bienen werden sich in der Folge beruhigen und können am nächsten Tag in eine saubere Beute auf Mittelwände eingeschlagen werden. Damit sie bis dahin nicht verhungern, sollte etwa ein Pfund Puderzuckerteig zu einem Fladen ausgebreitet und ebenfalls auf das Drahtgewebe gelegt werden. So haben viele Bienen gleichzeitig Zugang zum Futter.

Einlogieren Die Beute für den Kunstschwarm wird mit Mittelwänden und einer Futterwabe oder alternativ mit 2 Kilo Futterteig bestückt. Außerdem darf ein Drohnenrahmen nicht fehlen. Der Zusetzkäfig mit der Königin wird mit einem Draht zwischen zwei Mittelwände gehängt, die Abdeckfolie aufgelegt und die Beute ver-

Für einen Kunstschwarm werden die Bienen der unteren Brutraumzarge genutzt. Je Wabe kommen so etwa 1.500 Tiere zusammen.

*Der nasse Kunstschwarm wird vor die zu besetzende Beute geschüttet, so dass die Bienen einlaufen kön-
nen. Die neue Königin kommt im Käfig in die Beute.*

Bereits nach zwei Wochen sind die Mittelwände ausgebaut und die Königin hat mit der Eiablage begonnen.

Kunstschwarm

Der Kunstschwarm: 3 Pfund Bienen aus einem oder mehreren Völkern werden mit einer jungen, begatteten Königin auf Mittelwände geschlagen. Dazu kommen eine Futterwabe, ein Drohnenrahmen und Flüssigfutter.

Material: Kunstschwarmkiste mit Trichter und Deckel, Wasser, Besen, Stockmeißel, Rauch; Beute mit kleinem Flugloch, Mittelwände, 1 Futterwabe, 1 Drohnenrahmen, 1 begattete Königin

Vorteile: gute Ablegerstärke, wenig Varroamilben, neue Waben, junge Königin

Nachteile: großer Arbeitsaufwand, zweiter Standort nötig

schlossen. Der Kunstschwarm wird kräftig mit klarem Wasser eingesprüht, bis die Bienen nicht mehr auffliegen und anschließend erneut aufgetaucht. Sofort danach schüttet man die nassen Bienen unmittelbar vor die Ablegerbeute. Die Bienen laufen an der Beutenfront hoch und gelangen durch das Flugloch ins Innere, alle verletzten oder toten Bienen bleiben draußen zurück. Das Einlaufen dauert nur etwa 20 bis 30 Minuten und kann durch eine kleine Rampe vor der Beute beschleunigt werden. In jedem Fall muss zwischen den Bienen vor der Beute und dem Flugloch eine Verbindung hergestellt sein, denn die Bienen können – so nass, wie sie sind – nicht fliegen.

Ablegerkontrolle Die erste Kontrolle dieses Ablegers darf erst nach frühestens einer Woche erfolgen, um die noch junge Königin nicht zu gefährden. Gegebenenfalls kann während der ersten drei Wochen durch die

Gabe von Flüssigfutter die Startphase des Ablegers unterstützt werden. Für die Aufstellung von Kunstschwärmen ist ein zweiter Standort erforderlich. Je nach Zeitpunkt der Ablegerbildung und dessen Stärke werden die Bienen in der Folgezeit sich selbst mit Honig versorgen können, sodass später nur noch eine ergänzende Einfütterung mit Winterfutter erforderlich sein wird.

Treibling: So gehen Sie vor

Nach der Honigernte Deutlich weniger Arbeit und Mühe macht die Ablegerbildung über einen Treibling. Hier wird zunächst die Honigernte durchgeführt und im nächsten Schritt der Ableger gebildet. Da die Völker grundsätzlich mit Absperrgitter geführt werden, ist bei der Honigernte die Verwendung einer Bienenflucht angezeigt. So muss nicht jede Wabe einzeln herausgenommen und die Bienen abgekehrt werden. Räuberei und eine mögliche Verunreinigung der Honigwaben bleiben ausgeschlossen.

Beute vorbereiten Nach dem Abschleudern des Honigs werden die Waben sortiert: Ausschließlich helle und schön gleichmäßig gebaute Waben kommen zusammen mit einer Futterwabe und einem Drohnenrähmchen in eine Leerzarge. Darauf legen wir eine Abdeckfolie, wie wir sie auch in den Beuten verwenden; abschließend folgt der Beutendeckel.

Bienen wandern in neue Zarge Diese so vorbereitete Zarge setzen wir dem abgeernteten Bienenvolk am Abend über dem Absperrgitter auf, genau so wie einen Honigraum. Am folgenden Abend kann diese Zarge dann abgenommen werden, denn inzwischen sind viele Bienen durch das Absperrgitter nach oben gelaufen, um dort die Honigreste aufzunehmen. Diese Bienen bilden die Grundlage für unseren Ableger. Für jede honigfeuchte Leerwabe in der Ablegerzarge veranschlagen wir ca. 800 ansitzende Bienen, so dass bei neun Waben rund 7.000 bis 8.000 Bienen das Jungvolk bilden. Diese Art der Ablegerbildung bezeichnet man als Treibling.

Königin zusetzen Die abgenommene Treiblingszarge setzen wir auf einen bereitgestellten Beutenboden mit geschlossenem Flugloch. Auf das Bodenbrett legen wir zuvor die junge, begattete und in den Treibling einzuweiselnde Königin in einem Käfig mit Futterteigverschluss. Anschließend bringen wir den Treibling an einen separaten Bienenstand, um die Räubereigefahr zu minimieren. Steht kein zweiter Bienenstand zur Verfügung, kann der Treibling auch vor Ort belassen werden. Da die überwiegende Zahl der Bienen im Treibling aus dem Brutraum des Altvolkes stammt, es sich also um Stockbienen handelt, die noch nie geflogen sind, besteht keine Gefahr, dass die Bienen ins Altvolk zurückfliegen. Das Flugloch wird erst am folgenden Tag

mit kleinster Öffnung freigegeben, maximal darf es einen Zentimeter weit geöffnet sein. Danach bleibt dieser Ableger unbedingt zehn Tage unangetastet, sonst gefährden wir die Annahme der Königin. Erst danach können wir nachsehen, ob die junge Königin inzwischen mit der Eiablage begonnen hat und bereits ein kleines Brutnest angelegt wurde.

Schnelles Wachstum Um die ersten Startschwierigkeiten aufzufangen, kann anfangs mit etwas Flüssigfutter oder Puderzuckerteig gefüttert werden. Ist dann die erste Brut im Ableger geschlüpft, muss nicht weiter gefüttert werden. Während der folgenden Wochen sammeln die Arbeiterinnen Nektar und Pollen, während die Königin mit der Eiablage beschäftigt ist. Das kleine Volk wächst rasch und findet ausreichend Nahrung, um auch Vorräte für den kommenden Winter anzulegen. Somit kann später auf die Gabe von zusätzlichem Winterfutter weitestgehend verzichtet werden. Im August ist nur noch eine ergänzende Fütterung notwendig.

Ursprungsvolk Das Ursprungsvolk, aus dem

Eine Treiblingszarge wird mit leeren, honigfeuchten Waben und einer Futterwabe bestückt.

Die begattete Jungkönigin wird im Zusetzkäfig unter Futterteigverschluss auf das Bodenbrett gelegt.

Nach 24 Stunden auf dem Hauptvolk wird die mit Bienen besetzte Treiblingszarge abgenommen.

der Treibling entnommen wurde, erhält für die Folgetracht einen neuen Honigraum. Die Bienenmenge entspricht nur etwa einem Drittel eines Naturschwarms. Sie geht mit der Entnahme von Waben einher und ist damit eine ausreichende Schwarmverhinderungsmaßnahme.

Warum kein Brutwabenableger?

Der klassische Ableger besteht in der Regel aus einigen Waben verdeckelter Brut mit den daran ansitzenden Bienen, einer Futterwabe und Mittelwänden. Doch dieses Verfahren entspricht nicht dem natürlichen Vermehrungsweg der Honigbiene, dem Schwarm. Insbesondere im Hinblick auf die Bienengesundheit sollte auf dieses Verfahren verzichtet werden, denn gerade in den Brutwaben befinden sich viele Varroamilben und eine Vielzahl von Krankheitskeimen. Diese sollen nicht in die Ableger gelangen. Zudem erzeugen die Arbeiterinnenpuppen viel Wärme, die für die Honigreifung benötigt wird, weshalb die Brut im Volk bleiben sollte.

Treibling

Der Treibling: Eine Zarge honigfeuchter Waben wird dem abgeernteten Volk für 24 Stunden über Absperrgitter aufgesetzt. Stockbienen besetzen diese Zarge und bilden so den Ableger. Dazu kommt eine Futterwabe, ein Drohnenrahmen und Flüssigfutter. Beweiselt wird der Ableger mit einer begatteten Königin.

Material: Stockmeißel, Rauch, Beute mit kleinem Flugloch, honigfeuchte Leerwaben, 1 Futterwabe, 1 Drohnenrahmen, 1 begattete Königin

Vorteile: gute Ablegerstärke, wenig Varroamilben, neue Waben, junge Königin, geringer Arbeitsaufwand, kein zweiter Standort nötig. Sollte die Königin zum Zeitpunkt der Honigernte noch nicht begattet sein, so bekommt das Altvolk zunächst seinen Honigraum zurück. Die vorbereitete Treiblingszarge wird verwahrt, bis eine begattete Königin zur Verfügung steht, und erst dann dem Volk ganz oben über dem Honigraum aufgesetzt. Der Treibling kann so zu jedem beliebigen Zeitpunkt gebildet werden.

Nachteile: Das Altvolk muss neue Mittelwände für die Sommertracht ausbauen

Nachteile Brutwabenableger wirken sich also negativ auf den Wassergehalt des Honigs aus. Gleichzeitig werden Varroamilben und Erreger von Brutkrankheiten über die alten Waben verbreitet. Verbaute Waben und Waben mit Drohnen- und Schwarmzellen werden nicht aussortiert, sondern gelangen direkt in die Jungvölker, wo dann die ersten Schwierigkeiten vorprogrammiert sind.

Treibling erstellen

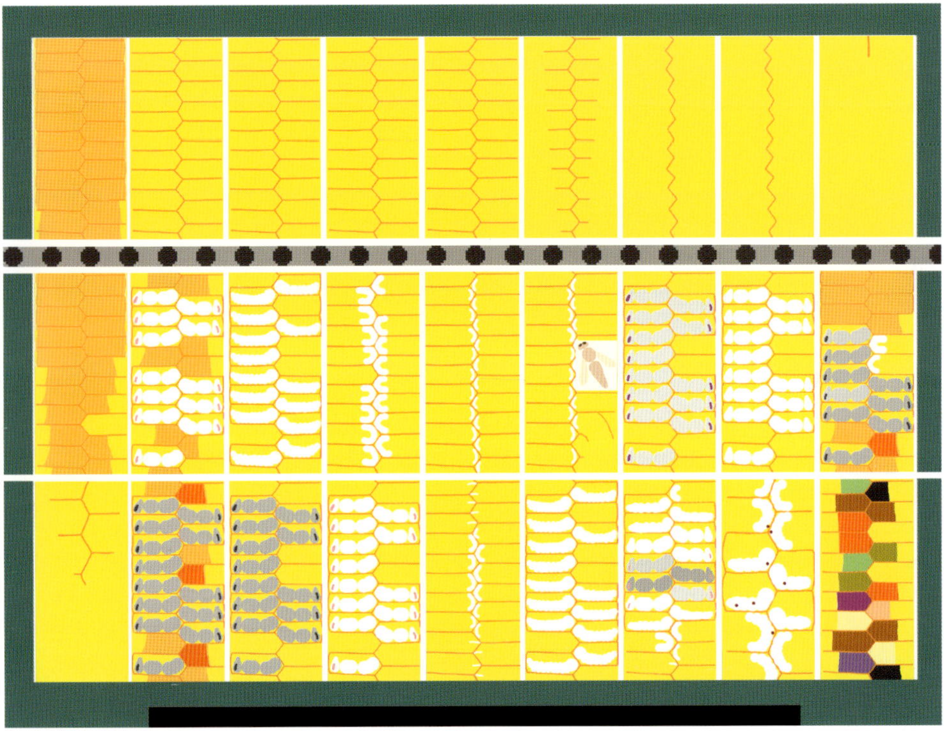

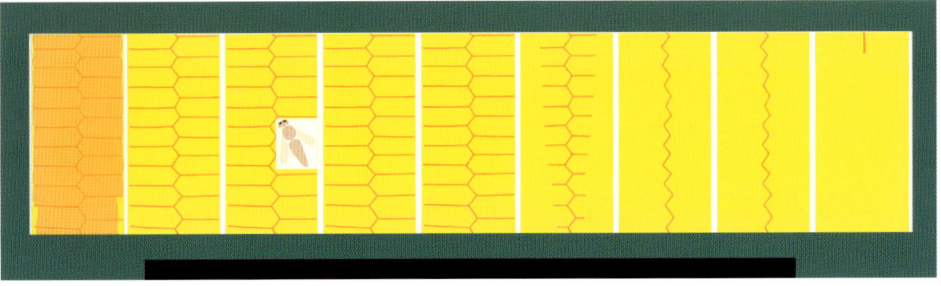

Dem abgeernteten Volk werden die leer geschleuderten, honigfeuchten Waben in einer Zarge mit einer Futterwabe über dem Absperrgitter wieder aufgesetzt. Junge Stockbienen werden sich hier einfinden und bilden dann das neue Bienenvolk.

Am Abend des Folgetages kann die Treiblingszarge abgenommen und auf einen zweiten Boden gestellt werden. Eine Königin wird hinzu gegeben und das Flugloch einen Zentimeter weit geöffnet.

Mein Konzept zur Völkerführung

Es gibt wohl so viele Methoden der Völkerführung, wie es Imker gibt. Gerade die Möglichkeit zum Ausprobieren ist für viele so reizvoll. Ich möchte hier ein Konzept vorstellen, dass es mit wenigen, möglichst sanften Eingriffen ermöglicht, erfolgreich zu imkern und dabei die wichtigen Punkte der Honigernte, Ablegerbildung und Varroakontrolle zu berücksichtigen.

Wann setze ich den Honigraum auf?

Mit einsetzender Tracht, meist Anfang bis Mitte April, legen die Bienen im Drohnenrahmen die ersten Drohnenzellen an, und es wird kräftig gebaut. Die Völker wachsen schnell, und bald wird es Zeit für die erste Erweiterung. Dies geschieht in der Regel durch den Honigraum, ganz gleich, ob das Volk über eine oder zwei Brutraumzargen verfügt. Bei nur einem Brutraum wird der zweite mit der nächsten Erweiterung zwischen Brut- und Honigraum eingeschoben. In jedem Fall wird der Honigraum vom Brutraum sofort durch ein Absperrgitter getrennt. Diese Maßnahme verhindert das Einlaufen von Drohnen und der Königin, die hier sonst Eier ablegen und den Honigraum zum Brutraum werden ließe. Bestückt wird der Honigraum ausschließlich mit unbebrüteten Leerwaben oder Mittelwänden oder einer Kombination aus beidem.

Brutwaben werden auf keinen Fall nach oben umgehängt. Zum einen sollen keine bebrüteten Waben zur Honiggewinnung verwendet werden, zum anderen gelangen sonst möglicherweise Drohnen oder gar die Königin in den Honigraum.

Den Honigraum attraktiv machen

Immer wieder beklagen Imker, dass der Honigraum von den Bienen nicht angenommen wird, besonders dann, wenn ein Absperrgitter zum Einsatz kommt. Die Bienen tragen den Nektar in das Brutnest ein, die Königin hat zunehmend weniger Platz zum Stiften, und das Volk gerät bald in Schwarmstimmung. Ein einfacher Trick verhindert dieses Phänomen:

Eine Brutwabe entnehmen Im Zuge der Erweiterung wird dem Bienenvolk eine Wabe mit verdeckelter Brut und den daran ansitzenden Bienen, aber ohne Königin, zur Bildung eines Sammelbrutablegers für die

Ein Absperrgitter verzögert die Honigraumannahme. Ein Trick schafft hier Abhilfe.

Königinnenaufzucht entnommen und diese Leerstelle durch eine Mittelwand aufgefüllt. Soll keine eigene Königinnenvermehrung durchgeführt werden, kann eine Randwabe entnommen und das Brutnest von der Mitte her auseinandergezogen werden. Durch diese Maßnahme wird die Aktivität des Volkes an dieser Stelle gebündelt, denn die Bienen müssen die Mittelwand schnell ausbauen, um den Wärmeverlust im Brutnest wieder auszugleichen. Damit sind die Bienen zwar noch nicht im Honigraum, aber fast. Denn die Mittelwand bildet nun mit der Wabe im Honigraum oberhalb des Absperrgitters eine große zusammenhängende Wabenfläche. Und Nektar wird auf einer Wabenfläche immer ganz oben eingetragen, also in diesem Fall in der Leerwabe des Honigraums. Und damit wird nicht nur die eine Wabe angenommen, sondern auch die Waben zu beiden Seiten und damit der gesamte Honigraum.

Wird der Honigraum hingegen aufgesetzt, ohne eine Mittelwand zentral ins Brutnest einzubringen, wirkt der Honig- und Pollenkranz auf den Brutwaben wie eine Barriere, die von den Bienen nur zögerlich überwunden wird. In der Folge lagern die Arbeiterinnen den frischen Nektar lieber in frei werdende Brutzellen ein und tragen so zum Verhonigen des Brutnestes und in der Folge zur Schwarmstimmung bei.

Die entnommene Brutwabe bildet zusammen mit Brutwaben, die aus anderen Völkern entnommen werden, einen Sammelbrutableger. Der kann entweder für die eigene Königinnenvermehrung eingesetzt werden, oder später abgefegt werden und als Kunstschwarm einen Ableger bilden.

Einen zweiten Honigraum aufsetzen

Das Bienenvolk hat seinen Honigraum angenommen und wird in der Folgezeit wöchentlich auf Schwarmaktivität kontrolliert. Bei diesen Kontrollen wird gleichzeitig der Drohnenrahmen regelmäßig ausgeschnitten und das Volk bei guter Entwicklung und viel Tracht durch einen zweiten Honigraum erweitert. Dieser zweite Honigraum wird dann nach dem gleichen

Aus dem oberen Brutraum wird mittig eine großflächig verdeckelte Brutwabe entnommen.

Diese Leerstelle wird durch eine Mittelwand aufgefüllt. So treibt man die Bienen in den Honigraum.

Honigraum attraktiv machen

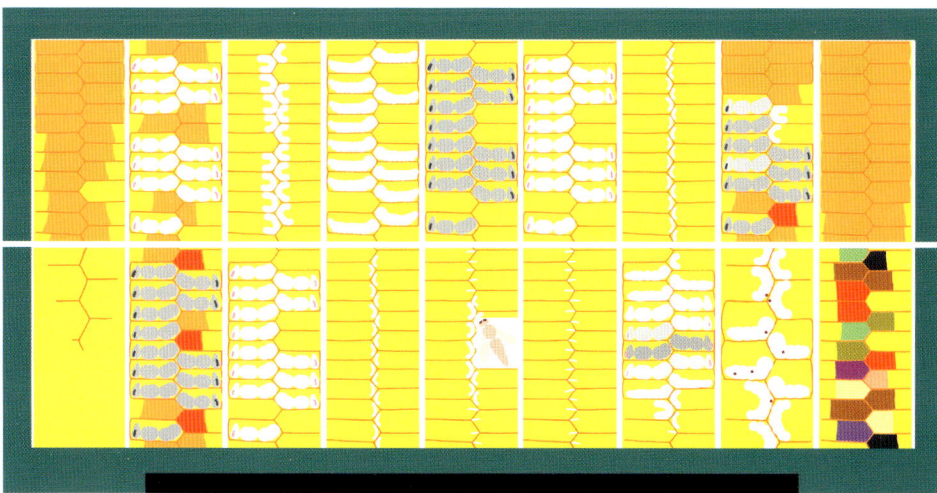

Das Bienenvolk vor der Erweiterung. Die zentrale Brutwabe wird entnommen.

Eine Mittelwand (MW) ersetzt die Brutwabe. Der Honigraum wird über dem Absperrgitter aufgesetzt.

Um keine Nachschaffungszellen zu übersehen, werden die Bienen des Sammelbrutablegers vorübergehend in eine Kunstschwarmkiste abgestoßen.

Prinzip wie bei der ersten Erweiterung nicht einfach oben aufgesetzt, sondern wiederum, um die Honigbarriere zu durchbrechen, zwischen den oberen Brutraum und den ersten Honigraum geschoben. Er ist genau wie schon zuvor die erste Honigzarge mit Mittelwänden und Leerwaben bestückt.

Sollte es Anzeichen für den Beginn der Schwarmstimmung geben, kann ein weiteres Mal durch die Entnahme einer Brutwabe geschröpft werden.

Der Sammelbrutableger zur Königinnenaufzucht

Die aus den Altvölkern entnommenen Brutwaben bilden zusammen einen Sam-melbrutableger, der wenigstens aus vier Waben zusammengestellt sein sollte. Eine Futterwabe sichert die Versorgung der vielen schlüpfenden Jungbienen und darf keinesfalls fehlen. Um später besser am Sammelbrutableger arbeiten und die Waben auseinanderschieben zu können, bleibt eine äußere Rähmchenposition leer.

Zuchtstoff anbieten Schon zehn Tage nach der Erstellung des Sammelbrutablegers beginnt hier die Aufzucht der Jungköniginnen. Dazu müssen zunächst alle Nachschaffungszellen entfernt werden. Keinesfalls darf auch nur eine Nachschaffungszelle übersehen werden, da sonst die Aufzucht der Königinnen scheitern wird. Es ist also besonders sorgfältig vorzugehen. Außerdem wird die Wabe mit dem geringsten verbliebenen Brutumfang entnommen, um Platz für den Zuchtrahmen zu schaffen.

Das Rähmchen mit frisch umgelarvtem Zuchtstoff, das man sich von einem Züchter geholt oder selbst umgelarvt hat, kann dann etwa zwei Stunden später zwischen jenen Waben positioniert werden, auf denen es noch größere Flächen verdeckelte Brut gibt. Hier herrschen die besten Bedingungen für die Larven und die Annahmequote ist am höchsten. Die große Anzahl junger Bienen mit entwickelten Futtersaftdrüsen wird sich um die angebotenen Larven kümmern und zu Jungköniginnen heranziehen. Bereits fünf Tage später sind die Weiselzellen verdeckelt und sollten dann sogleich in Schlupfkäfige gesteckt werden, damit diese nicht verbaut und damit unbrauchbar werden. Bis zum Schlupf bleiben diese dann im Sammelbrutableger.

Königinnen schlüpfen Nach weiteren acht Tagen schlüpfen die jungen Königinnen.

Am Folgetag kann dann der Sammelbrutableger aufgeteilt werden. Dazu kommt jeweils eine der Waben mit den daran ansitzenden Bienen in einen Ablegerkasten oder eine leere Beute, dazu jeweils eine Futterwabe und eine Leerwabe. Eine der geschlüpften Königinnen kommt in jeden dieser Kästen dazu, und bei kleinster Flugöffnung werden diese Beuten im Halbschatten aufgestellt, sodass die Königinnen bald ihren Hochzeitsflug unternehmen können. Nach etwa zwei Wochen sind sie dann begattet und beginnen mit der Eiablage. Sobald die erste Brut verdeckelt und ein geschlossenes Brutnest zu erkennen ist, können diese Königinnen dann verwendet werden. Soll der Völkerbestand erweitert werden oder die Königin nicht sofort Verwendung finden, empfiehlt sich eine baldige Varroabehandlung. Und bei regelmäßiger Flüssigfütterung entwickelt sich ein prächtiger Ableger.

Fünf Tage nach dem Umlarven sind die Weiselzellen verdeckelt, der Schlupf erfolgt am 12. Tag nach Zuchtbeginn.

Sobald die Weiselzellen verdeckelt sind, müssen sie einzeln gekäfigt werden, um ein Verbauen zu verhindern.

Zeitplan Königinnenaufzucht im Sammelbrutableger

Tag	Sammelbrutableger	Altvolk
1	Der Sammelbrutableger (SBA) wird aus Brutwaben mit ansitzenden Bienen verschiedener Völker erstellt.	Die Altvölker bekommen die Honigräume aufgesetzt.
10	Im SBA werden alle Nachschaffungszellen gebrochen und eine Leerstelle geschaffen.	
10 +2 Stunden	Im SBA wird eine Leiste mit Zuchtstoff angeboten, nachdem die Bienen sich hier gesammelt haben.	
15	Die Weiselzellen sind verdeckt und kommen in Schlupf-käfige. Sie verbleiben bis zum Schlupf der Königinnen im SBA.	
23	Die Königinnen schlüpfen. Der SBA wird in Begattungsein-heiten zu je 1 Wabe + 1 Futterwabe + 1 Königin aufgeteilt.	
40	Die Königinnen sind begattet und haben bereits mit der Eiablage begonnen. Sie können nun verwendet werden.	Den Altvölkern werden Treib-lingszargen aufgesetzt und daraus Ableger erstellt.

Einem starken Sammelbrutableger können 20 Weiselzellen und mehr angeboten werden. Die Annahme-quote liegt bei etwa 90 %. Während des Puppenstadiums sind die Zellen besonders empfindlich und dürfen nur behutsam behandelt werden, damit die Puppen in den Zellen nicht abrutschen und sterben.

Sammelbrutableger erstellen

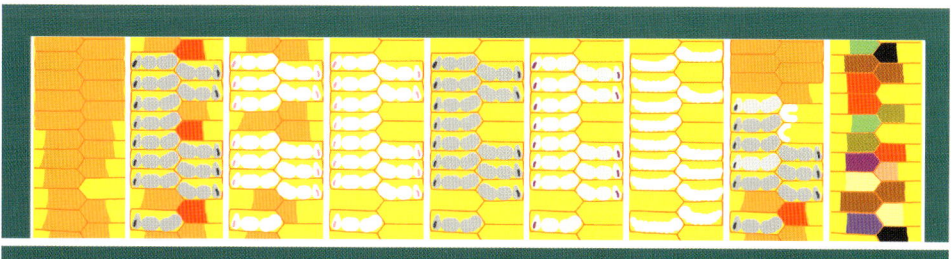

Ein Sammelbrutableger wird aus Brutwaben der Standvölker zusammengestellt.

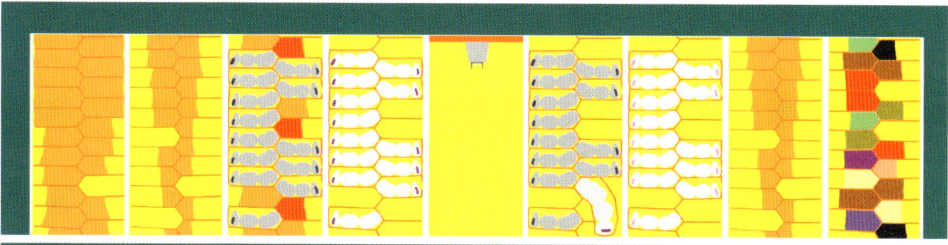

Nach 9 Tagen werden die Nachschaffungszellen gebrochen und Zuchtlarven angeboten.

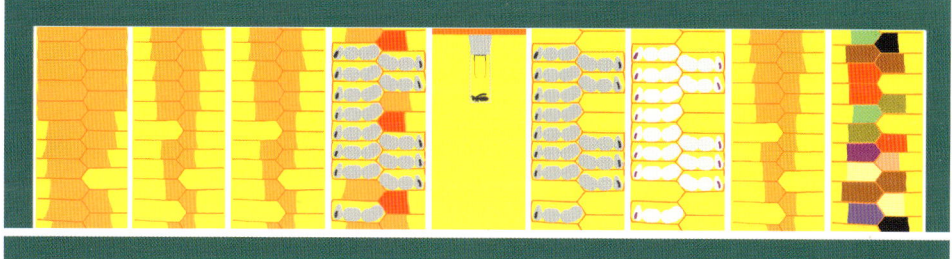

12 Tage später schlüpfen die Jungköniginnen in die Schutzkäfige.

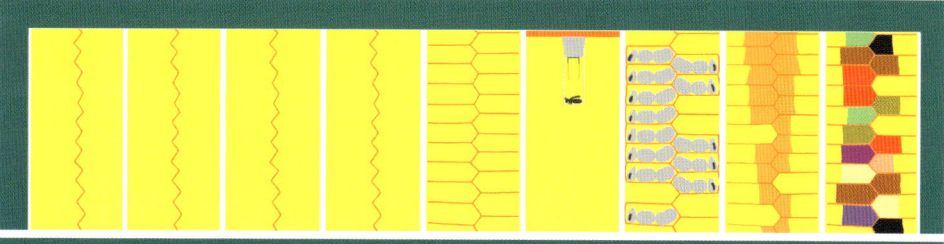

Der Sammelbrutableger wird in Begattungseinheiten mit je einer Königin aufgeteilt.

Wann bilde ich den ersten Treibling?

In vielen Regionen gibt es nach der reichen Frühtracht eine trachtarme Zeit bis zum Einsetzen der Linden- oder Kleeblüte. Das ist vielfach Ende Mai oder Anfang Juni der Fall, also zu einer Zeit, da die Bienenvölker dem Höhepunkt ihrer Entwicklung entgegengehen. Werden die Bienen jetzt nicht ausreichend gefordert, dauert es sicher nicht mehr lange und die ersten Schwarmzellen zeigen sich auf den Waben und an den Unterseiten der Rähmchen. Die Bienen haben die vergangenen Wochen viel Brut aufgezogen und reichlich Nektar und Pollen eingetragen. Und jetzt gibt es plötzlich wenig zu tun, aber eine Heerschar von Arbeiterinnen steht zur Verfügung. Beste Bedingungen für einen Schwarm. Oder für einen Treibling!

Das Bienenvolk verkraftet problemlos die Entnahme von rund 8.000 Bienen, ist dies doch nicht einmal eine halbe Schwarmstärke. Und bis zur Sommertracht schlüpfen reichlich junge Bienen. Der Verlust ist binnen weniger Tage kompensiert und die Sommerhonigernte leidet nicht unter dieser Maßnahme. Doch verhindert sie das unvermeidliche Schwärmen, den damit verbundenen Aufwand, möglichen Ärger mit der Nachbarschaft und das Risiko, den Schwarm nicht zu erwischen, was letztlich wahrscheinlich seinen sicheren Tod bedeutet. Gleichzeitig wächst ein zur rechten Zeit erstellter Ableger bis zum Herbst auf Überwinterungsstärke heran und wird im kommenden Jahr ein respektables Bienenvolk darstellen. Junge Königinnen sind bereits in den Ablegerkästen in Eilage gegangen und stehen somit für die Beweiselung der

Ausgebaute Waben in der Zarge begünstigen die Entwicklung des Treiblings und es entsteht schnell ein starker Ableger.

Jungvölker zur Verfügung. Beste Voraussetzungen, jetzt die Treiblinge zu erstellen.

Das Altvolk in der Sommertracht

Nach der Entnahme des Treiblings bekommt das so geschröpfte Volk einen Honigraum zurück, selbstverständlich über dem Absperrgitter. Diese Zarge sollte mit einem Teil honigfeuchter Leerwaben und einem Teil Mittelwände bestückt sein. Hier gilt es wieder, blockweise zu arbeiten, das heißt, die bereits ausgebauten Waben hängen nebeneinander in der Mitte der Zarge, die Mittelwände jeweils zu beiden Seiten. So werden die Bienen schnell den Honigraum annehmen und mit dem Ausbau der neuen Mittelwände beginnen. Zu vermeiden ist dabei die abwechselnde Anordnung von Mittelwand und Leerwabe. Dies birgt die Gefahr, dass die Bienen die Leerwaben sehr dick ausziehen, die Mittelwände hingegen nur zu sehr flachen Waben ausgebaut werden. Bei der späteren Honigernte wirkt sich das ungünstig auf die Wabenstabilität und den Wassergehalt des geernteten Honigs

*Nach der Frühtrachternte wird mit den honig-
feuchten Waben eine Treiblingszarge bestückt.*

*Aus jedem Standvolk wird so ein Ableger gewon-
nen, ohne dass die Folgetracht darunter leidet.*

aus. Durch die rechtzeitige Entnahme des
Treiblings wurde der Schwarmtrieb gebremst und einer reichen Sommerhonigernte steht nichts mehr im Wege.

Varroabehandlung und Auflösen der Altvölker

Je nach Region endet die Trachtzeit zwischen Anfang Juli und Mitte August, die
Spättrachten wie Heide einmal ausgenom-
men. Die Völker haben ihr Entwicklungs-
maximum mit der Sommersonnenwende
hinter sich gelassen und mit abnehmenden
Trachtverhältnissen und sinkendem Sonnenstand verringert sich nun auch spürbar der Umfang des Brutnestes. Es sind
aber noch viele erwachsene Bienen in
den Völkern und der Sommerhonig muss
jetzt geerntet werden.

Dies ist der Zeitpunkt, einen radikalen
Eingriff an den Bienenvölkern vorzuneh-
men. In dessen Vorbereitung werden
gleichzeitig mit dem Einsetzen der Bienenfluchten zur Sommerhonigernte die Köni-

ginnen der Altvölker gesucht und in einen
Käfig gesperrt. In diesem Käfig verbleiben
sie für die folgenden drei Wochen im Brutbereich des Volkes. So sind sie an der weiteren Eiablage gehindert, durch ihre weiter-
hin vorhandenen Pheromone signalisieren
sie den Arbeiterinnen aber ihre Anwesenheit, so dass weder Weiselunruhe entsteht
noch Nachschaffungszellen ausgebildet
werden. Unmittelbar nach der Honigernte
erfolgt dann in diesen Völkern mit den fest-
gesetzten Königinnen die Ameisensäurebehandlung gegen die Varroamilben. Dafür
bleiben rund drei Wochen Zeit, der Zeitraum also, bis sämtliche Brut des Volkes geschlüpft ist. Ein Königinnenverlust ist nicht
zu befürchten, da diese im Käfig sitzt. Während der Ameisensäureanwendung wird
über den Bodenschieber der Behandlungs-
erfolg kontrolliert. Das Ziel ist es, nach drei
Wochen ein brutfreies und milbenarmes
Bienenvolk zu haben, dessen Bienenmasse
nun zur Verstärkung der Treiblinge genutzt
werden kann.

Honigwaben werden zu Brutwaben

Die abgeernteten Honigwaben werden nach der Schleuderung sortiert und bilden die zweiten Bruträume für die Ableger, also die Treiblinge und Kunstschwärme, die zuvor erstellt wurden und inzwischen jeweils eine ganze Zarge besetzen. So entfällt das Ausleckenlassen dieser Waben, sie sind sinnvoll eingesetzt und müssen nicht über den Winter verwahrt werden.

Abfegen der Altvölker

Nach Ablauf von drei Wochen und erfolgreicher Bekämpfung der Milben werden nun sämtliche Bienen eines jeden Volkes abgefegt oder abgestoßen und in Kunst-

Die Bienenmasse der Altvölker wird zu Kunstschwärmen abgefegt, das Wabenwerk eingeschmolzen.

schwarmkisten untergebracht. Die Königinnen in den Käfigen werden nicht weiterverwendet und abgedrückt. Keine der abgefegten Waben wird weiter eingesetzt, sondern ausnahmslos eingeschmolzen und so das Wachs gewonnen. Die Bienen in den Kunstschwarmkästen können nach Eintreten der Weiselunruhe am Abend oder am Folgetag vor die Ableger, also die Kunstschwärme und Treiblinge, geschüttet werden, um diese zu verstärken und so sehr bienenstarke Einheiten zu bilden. Dabei können Differenzen in der Volksstärke der Jungvölker durch unterschiedlich große Kunstschwärme ausgeglichen werden. Wie bei den Kunstschwärmen im Frühsommer werden auch hier die Bienen reichlich mit Wasser benetzt, damit sie nicht auffliegen, sondern langsam durch die Fluglöcher in die Beuten einlaufen.

Unbegattete Königinnen Ist im Altvolk die Königin gekäfigt, gibt es immer wieder Bienenvölker, die Nachschaffungszellen errichten und junge Königinnen heranziehen. Werden dann nach Ablauf der drei Wochen die Bienen abgefegt, gelangen unter Umständen diese dann geschlüpften aber unbegatteten Königinnen mit in die Kunstschwärme. Doch eine Gefahr für die etablierten Königinnen in den Treiblingen stellen diese Königinnen bei der Vereinigung von Kunstschwarm und Ableger nicht dar. Die Fluglochwachen der Treiblinge werden diese Jungköniginnen nicht in die Beute lassen und töten. Um auf Nummer sicher zu gehen, kann vor dem Einlaufenlassen der Kunstschwarmbienen in die Ablegerbeuten vor deren Fluglöchern ein Absperrgitter angebracht werden. So bleiben die Jungköniginnen ausgesperrt.

Altvölker auflösen

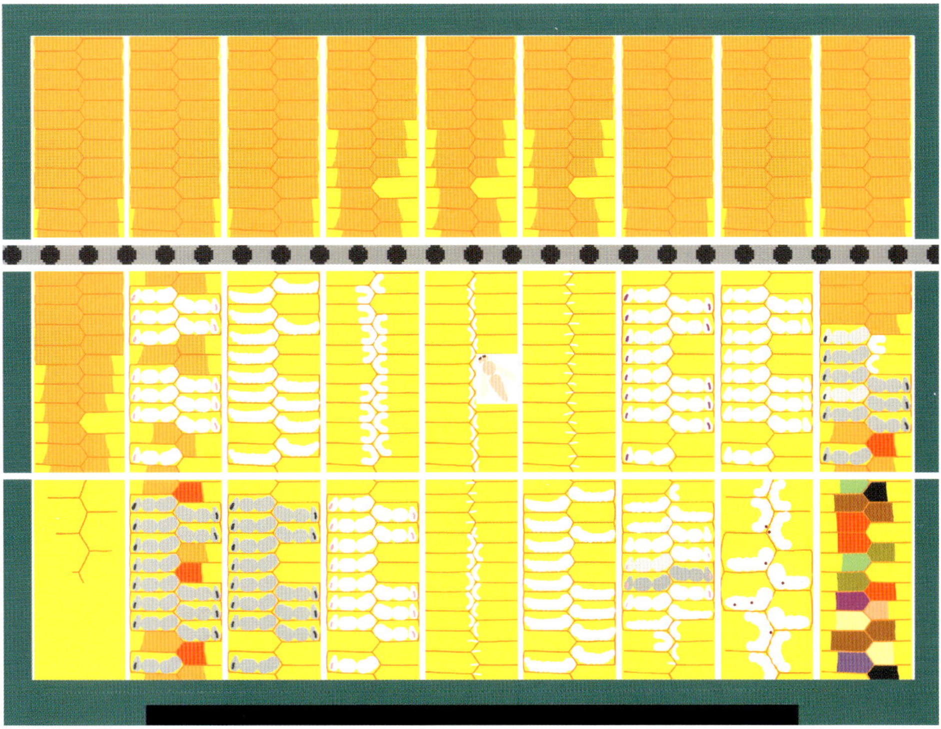

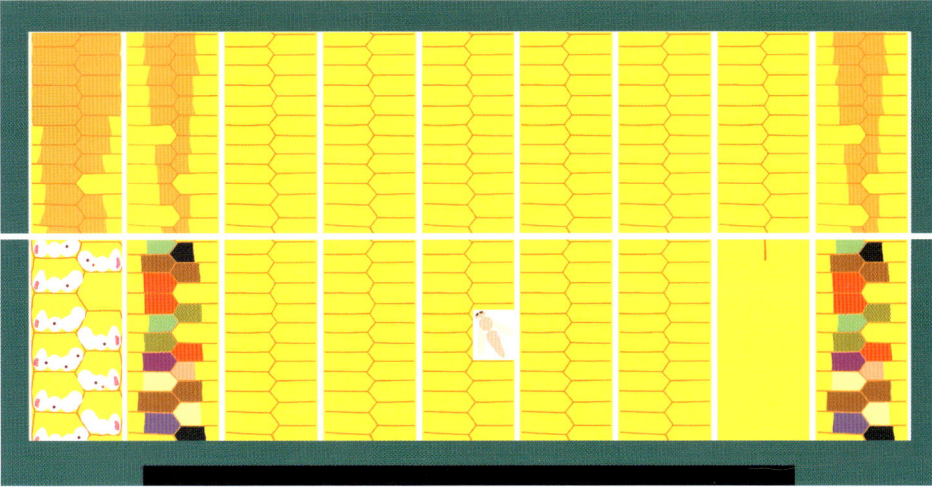

Das Altvolk vor der Sommerhonigernte: Die Königin wird gekäfigt, der Honig geerntet.

Nach drei Wochen ist die Brut geschlüpft und nach der AS-Behandlung der Großteil der Milben tot.

Ableger verstärken

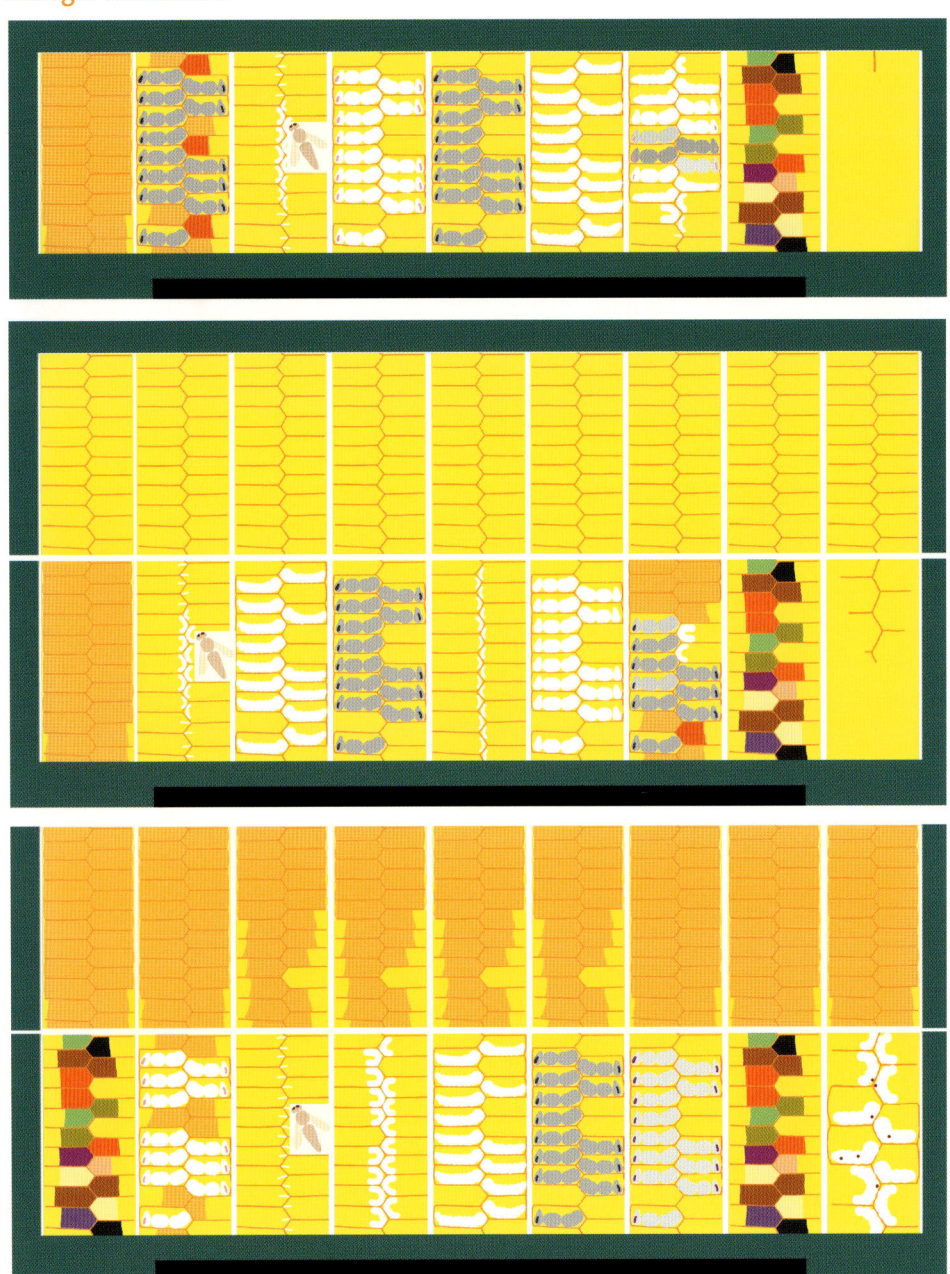

Völkerführung auf einen Blick

Zeitpunkt	Maßnahme	Zu beachten/Tipps etc.
Anfang/Mitte April	Honigräume aufsetzten	Brutnest auseinander rücken und Mittelwand einhängen
	aus entnommenen Waben Sammelbrutableger bilden	mindestens vier Brutwaben und eine Futterwabe
ca. 14 Tage später	ggf. zweiten Honigraum aufsetzten	zwischen Brutraum und ersten Honigraum
	Drohnenrahmen schneiden	verdeckelte Drohnenbrut
Ende Mai/Anfang Juni (nach der Frühtracht)	Honig ernten	anschließend Waben sortieren
	Treiblingszarge aufsetzen	Honigfeuchte Waben plus Futterwabe über Absperrgitter aufsetzen
24 Stunden später	Treiblingszarge abnehmen und beweiseln, aufstellen	sehr kleines Flugloch!
	Altvolk bekommt neuen Honigraum	Kombination aus Leerwaben und Mittelwänden
10 Tage später	Treibling auf Weiselrichtigkeit kontrollieren	frühestens nach zehn Tagen!
	flüssig füttern	zweimal wöchentlich 1 Liter
regelmäßig alle 10 Tage	Schwarmkontrolle im Altvolk Drohnenrahmen schneiden	ggf. sanft schröpfen
nach der Sommertracht (Ende Juli)	Königin im Altvolk käfigen	Vorbereitung zum Auflösen des Volkes
	Honig ernten	anschließend Waben sortieren, abends um Räuberei zu vermeiden
24 Stunden später	Waben als 2. Brutraum dem Treibling aufsetzen	
folgende Wochen	Ameisensäurebehandlung	Altvolk und Treibling
drei Wochen später (Mitte August)	Altvolk zu Kunstschwärmen abfegen	alle Waben einschmelzen, Königin abdrücken
	Kunstschwärme den Treiblingen zuschlagen	vor die Fluglöcher, Bienen einlaufen lassen
eine Woche später	Kontrolle und Ergänzungsfütterung	Mäuseschutz, Räuberei vermeiden

Erklärung zur Grafik links:
oben: Aus den Treiblingen haben sich inzwischen gute Jungvölker entwickelt.
mitte: Die honigfeuchten Waben der Sommertracht werden den Ablegern als zweiter Brutraum aufgesetzt. Verstärkt werden diese Völker mit der Bienenmasse der abgefegten Altvölker.
unten: Nach Auffütterung und einer Ameisensäurebehandlung werden starke Jungvölker eingewintert.

Bienenprodukte ernten

Woraus entsteht Honig? Nektar und Honigtau

Mit der Honigernte beginnt eine arbeitsintensive Zeit, soll am Ende ein Spitzenprodukt erzeugt und vermarktet werden. Doch bevor der Imker ins Spiel kommt, müssen die Bienen eine Menge Arbeit leisten und die Umweltbedingungen stimmen. Dazu sind starke Völker genauso unverzichtbar wie feuchtwarmes Wetter, guter Boden und eine hohe Blütendichte.

Wo finden die Bienen ihre Nahrung?

Als Bienenweide bezeichnet man die Summe aller von Bienen beflogenen Pflanzen, an denen diese Nektar, Honigtau oder Pollen finden und aufnehmen können. Dazu muss der Blütenbau so gestaltet sein, dass eine Biene die Rohstoffe mit ihren Sammelorganen erreichen und aufnehmen kann. Zudem muss eine möglichst große Blütendichte mit hohem Zuckergehalt im Nektar vorhanden sein, damit sich ein Blütenbesuch für die Sammlerinnen lohnt. Ein nährstoffreicher Boden mit guter Wasserverfügbarkeit für die Pflanze sowie günstige Witterungsbedingungen sind weitere Grundvoraussetzungen für eine optimale Trachtausnutzung. Doch bevor die Bienen den Nektar sammeln können, muss die Bienenweidepflanze ihren Teil dazu beitragen.

Wie entsteht Nektar?

Die Entstehung der Honigrohstoffe beginnt mit der Photosynthese in den grünen Teilen lebender Pflanzen. Vereinfacht beschrieben wird hier unter der Einwirkung von Sonnenlicht im Blattgrün, dem sogenannten Chlorophyll, Rohrzucker (Saccha-rose) aufgebaut. Dazu benötigt die Pflanze unter anderem Wasser, das über die Wurzeln aufgenommen wird, und Kohlenstoffdioxid (CO_2), das sie über die Blätter aus der Umgebungsluft aufnimmt. Als Nebenprodukt entsteht Sauerstoff, der wieder an die Luft abgegeben wird.

Der Traubenzucker gelangt in der Folge in den Siebröhrensaft, also den Pflanzensaft, und zirkuliert in den Leitungsbahnen, bis er schließlich unter anderem in die

Aus Nektar und Honigtau entsteht Honig, der Pollen wird zur Brutaufzucht benötigt.

Nektardrüsen der Pflanze gelangt. Die Nektardrüsen (Nektarien) finden sich meist in den Blüten und werden dort als florale Nektarien bezeichnet. Liegen sie außerhalb der Blüten, beispielsweise an der Blattunterseite, heißen sie extraflorale Nektarien. Letztere gibt es unter anderem bei Kirschen, Kirschloorbeer oder an der Außenseite von Kornblumenknospen. Die Nektardrüsen stellen eine Art Überdruckventil der Pflanzen dar und geben einen Teil des Siebröhrensaftes nach außen ab. Durch chemische Umbauprozesse der Saccharose des Siebröhrensaftes zu Nektar enthält dieser dann vor allem Traubenzucker (Glucose) und Fruchtzucker (Fructose). Das Verhältnis der beiden Zuckerarten zueinander ist wiederum abhängig von der Pflanzenart. So enthält zum Beispiel der Nektar von Raps zu etwa gleichen Teilen Fruchtzucker und Traubenzucker, aber kaum Rohrzucker. Bei der Linde liegen die drei Hauptzuckerarten zu jeweils etwa 30 % vor und bei der Robinie überwiegt der Saccharoseanteil, während Fruchtzucker hier kaum vorhanden.

Warum produzieren Pflanzen Nektar?

Ganz uneigennützig ist diese Zuckerabgabe der Pflanzen natürlich nicht, sie locken so vielmehr eine Heerschar von Bestäuberinsekten an, die bei der Nektaraufnahme nebenbei mit etwas Blütenstaub eingepudert werden und beim Besuch der nächsten Blüte davon wieder etwas verlieren. So erfolgt beim Sammeln des Nektars die Bestäubung und beide Seiten profitieren.

Wie entsteht Honigtau?

Als Honigtau bezeichnet der Imker die zuckerhaltigen Ausscheidungen von Pflanzenläusen, die mit ihrem Rüssel zuvor ein Loch in die oberirdischen Teile einer grünen Pflanze gebohrt und so deren Leitungsbahnen angezapft haben. Nach der Passage durch die Läuse, die vor allem an den Eiweißbestandteilen des Siebröhrensaftes interessiert sind, scheiden diese die unverdauten Reste in Form von kleinen Tröpfchen wieder aus. Der größte Teil des Zuckers ist dabei erhalten geblieben, sodass diese Ausscheidungen für Ameisen und

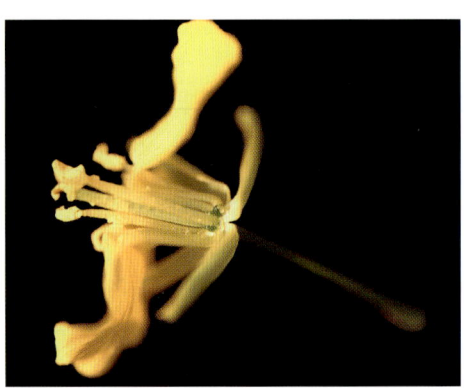

Am Blütenboden befinden sich meist die floralen Nektarien, auch Nektardrüsen genannt, hier bei einer Rapsblüte.

Manchmal wird Nektar auch außerhalb der Blüte – also extrafloral – angeboten, hier an einer Flockenblumen-Knospe.

Pflanzenläuse sondern zuckerhaltige Pflanzensäfte ab, den sogenannten Honigtau.

Bei dichten Lauspopulationen tropft der Honigtau von den Zweigen, der Wald „honigt".

Honigbienen gleichermaßen attraktiv sind und gesammelt werden. Neben den Zuckerarten, die auch im Nektar enthalten sind, finden sich hier weitere Zuckerarten, so zum Beispiel Rohrzucker (Saccharose) und Melizitose. Diese Zuckerarten entstehen durch chemische Prozesse bei der Darmpassage des Pflanzensaftes durch die Läuse.

Wie sammeln Bienen Nektar und Honigtau?

Der von den Pflanzen angebotene Nektar sowie der Honigtau vieler Lausarten lockt die Sammlerinnen der Bienenvölker an. Dabei bevorzugen die Honigbienen ein möglichst zuckerhaltiges Sammelgut, das sie außerdem leicht aufnehmen können. So kommt es, dass manche Blütenarten bevorzugt, andere kaum beachtet werden und manchmal sogar eine längere Flugstrecke in Kauf genommen wird, da dies für das Volk eine höhere Zuckerausbeute bei gleichem Energieeinsatz bedeutet.

In der Blüte strecken die Sammlerinnen dann ihren Rüssel aus, um den Nektar aufzusaugen und in ihrer Honigblase zu speichern. Diese liegt im Hinterleib der Arbeiterinnen und kann bis zu 60 mm³ Sammelgut aufnehmen. Um diese Menge zu finden, müssen durchschnittlich etwa 70 Einzelblüten aufgesucht werden. Anschließend kehren die Sammlerinnen dann in ihr Volk zurück, um das Sammelgut abzuliefern und sich erneut auf die Suche zu begeben. Täglich werden so bis zu 10 Sammelflüge je Arbeiterin unternommen.

Wie wird aus Nektar Honig?

Die heimkehrende Sammlerin übergibt ihr Sammelgut direkt hinter dem Flugloch an die wartenden Stockbienen. Der Honigblaseninhalt wird dabei durch den Rüssel nach außenbefördert und gleichzeitig bei jeder Schlundpassage mit Sekreten aus den Futtersaftdrüsen der Arbeiterinnen angereichert. Diese Sekrete enthalten die für die Aufspaltung von Mehrfachzuckern, wie beispielsweise der Saccharose, notwendigen Enzyme. Das Zuckerspektrum des Nektars verändert sich, es entsteht Honig.

Mit ihrem Rüssel nimmt die Arbeiterin an der Blüte den Nektar auf.

Ein eingetragener Nektartropfen wird von Biene zu Biene weitergegeben und dabei verarbeitet.

Futterkette

Der hervorgebrachte Nektar wird von der Sammlerin unterhalb ihres Rüssels zu einem flachen Tropfen ausgebreitet, damit dieser in der warmen Stockluft Wasserdampf verliert und eingedickt wird. Die Stockbienen lecken nun diesen ausgebreiteten Nektartropfen auf, nehmen ihn in ihre Honigblase und geben ihrerseits weitere Sekrete hinzu. Daraufhin übergeben sie den Tropfen an eine weitere Stockbiene, bis dieser schließlich nach unzähligen Wiederholungen und Weitergaben von Biene zu Biene in einer Honigwabenzelle abgelegt wird.

Dieses Weitergeben von Sammelgut bezeichnet man als Futterkette, an dessen Ende eine Vorstufe des Honigs steht.

Wasserentzug und Enzymzugabe

Diese in die Wabenzellen eingetragene, aber noch nicht reife Honigvorstufe muss in den nächsten Stunden und Tagen weiter verarbeitet werden. Dies geschieht durch erneutes Umtragen von Wabenzelle zu Wabenzelle durch die Bienen bei gleichzeitigem Wasserentzug und weiterer Zugabe von Sekreten aus den Futtersaftdrüsen. Diese befinden sich im Kopf und Brustbereich der Arbeiterinnen und aus ihnen wird eine enzymhaltige Flüssigkeit in den Nektar gegeben. Diese Verarbeitungsschritte des entstehenden Honigs werden als aktive Trocknung durch die Bienen bezeichnet, an dessen Ende der schon fast fertige Honig steht.

Die Enzyme aus den Futtersaftdrüsen

Frisch gesammelter Nektar enthält neben viel Wasser vor allem Fruchtzucker, Traubenzucker und Rohrzucker. Bei letzterem handelt es sich chemisch gesehen um einen sogenannten Zweifachzucker, der in die Einfachzuckerarten Trauben- und Fruchtzucker gespalten werden muss, damit er für die Bienen verdaulich wird. Diese Aufgabe übernimmt ein Enzym mit dem Namen Invertase. Daneben sind in den Drüsensekreten weitere Enzyme vorhanden, die der Aufspaltung anderer Zuckerarten oder der Konservierung des Honigs durch frei werdende Säuren dienen. In einem reifen Honig findet man deshalb kaum noch Reste des Rohrzuckers, dafür umso mehr Trauben- und Fruchtzucker, die den Honig auch für den menschlichen

Konsum so wertvoll machen, denn diese Zuckerarten gehen schnell ins Blut über und stehen dort sofort als Energielieferanten zur Verfügung.

Passive Trocknung und dauerhafte Lagerung

Doch ganz fertig und reif ist der Honig noch immer nicht. Der Wassergehalt ist noch zu hoch und muss weiter herabgesetzt werden. Deshalb verdeckeln die Bienen die gefüllten Honigwaben nicht sofort, sondern warten damit noch ein paar Tage. In dieser Zeit ventilieren sie warme Stockluft aus dem Brutnestbereich durch die Wabengassen des Honigraums, um so die Verdunstung von Wasser aus dem Honig zu beschleunigen. Anschließend fächeln sie die feuchte Luft durch das Flugloch nach außen. An windstillen Abenden im Frühsommer bei günstiger Tracht lässt sich dann ein deutlich süßer Honigduft am Bienenstand wahrnehmen. Die für die Honigtrocknung benötigte Wärme schöpfen die Arbeiterinnen aus dem Brutnest, denn während der Metamorphose, also der Verwandlung von einer Larve über das Puppenstadium hin zum fertigen Insekt, entsteht viel Wärme. Deshalb muss auch die Entnahme von Brutwaben zur Schwarmverhinderung oder Ablegerbildung auf ein Minimum reduziert bleiben. Ansonsten besteht die Gefahr von zu feuchtem Honig, der dann nach der Ernte nur sehr begrenzt lagerfähig ist. Durch eine Wartezeit von einigen Tagen zwischen dem Ende einer Massentracht und der Honigernte haben die Bienen genügend Zeit, sich um den reifenden Honig zu kümmern und den Wassergehalt auf ein verträgliches Maß herunterzusetzen.

In den Wabenzellen wird das Sammelgut gelagert und weiterverarbeitet. Aus Nektar wird so langsam der Honig.

So unterstützen Sie die Bienen Um die Bienenvölker bei dieser Arbeit zu unterstützen, müssen die Fluglöcher jetzt ganz weit geöffnet sein. Außerdem begünstigt ein etwas erhöhter Standplatz mit Sonneneinstrahlung und leichtem Wind die Honigbereitung. Das Gleiche gilt für die Gestaltung des Untergrunds. Hier ist eine mit Holzhäcksel gemulchte Fläche sicher günstig, ebenso wie eine Holzbeute, die atmungsaktiv ist und Feuchtigkeit aus dem Honig aufnehmen kann. Durch zu großzügige Erweiterung hingegen machen wir es unseren Bienen unnötig schwer. Das Beutenvolumen muss also auch hier auf die Volksstärke abgestimmt sein. Als Faustregel kann man sagen: Je brutstärker ein Bienenvolk ist, desto trockener wird der geerntete Honig sein.

Wann ist der Honig erntereif?

Hatten die Bienen nach dem Ende einer Haupttracht ein paar Tage Zeit, sich um die Verarbeitung des frischen Honigs zu kümmern, und war das Volk bienen- und brutstark, wird der Honig schnell reif sein. Der Wassergehalt liegt dann im Mittel unter

Warme Stockluft wird über die Honigzellen geleitet, um den Wassergehalt zu reduzieren.

Ist der Honig eingedickt und reif, verschließen die Bienen die Honigzellen mit einem Wachsdeckel.

18 %, kann sogar Spitzenwerte von rund 14 % erreichen. Doch bevor die Honigernte nun beginnen kann, muss sich der Imker von der Erntefähigkeit des Honigs überzeugen. Dazu kann er sich verschiedener Methoden bedienen.

Größe der verdeckelten Wabenfläche

Den wichtigsten Hinweis auf den Reifegrad verrät der Anteil der bereits mit Wachsdeckeln verschlossenen Wabenfläche. Je größer dieser ist, desto reifer ist der darunterliegende Honig. Zur Honigernte sollten mindestens zwei Drittel der Honigzellen verdeckelt sein. Doch das allein reicht nicht aus, um auf der sicheren Seite zu sein, der Honig also so trocken ist, dass er später nicht in Gärung gerät. Möglicherweise gab es zwischendurch eine Trachtpause, in der die Arbeiterinnen den bereits eingetragenen Nektar zu reifem Honig verarbeitet haben, danach die Tracht aber wieder einsetzte und in den noch offenen

Wabenbereichen der Wassergehalt des Honigs deutlich höher liegt. Es muss also noch genauer hingeschaut werden.

Stoßprobe

Ein weiteres Entscheidungskriterium für die Beurteilung der Honigreife ist die Stoßprobe. Hierzu wird eine noch nicht vollständig verdeckelte, schwere Honigwabe aus dem Honigraum entnommen, vorzugsweise aus dem Randbereich. In der Mitte des Honigraums ist es wärmer als an den Seiten und folglich hier die Honigreife begünstigt. Die entnommene Wabe wird horizontal über den Honigraum gehalten und ruckartig nach unten bewegt, dann sogleich wieder abgestoppt. Hat der Honig in den offenen Wabenzellen einen für die Ernte zu hohen Wassergehalt, wird er jetzt heraustropfen und die Honigentnahme muss verschoben werden. Tropft hingegen nichts heraus, ist alles in Ordnung und der Honig kann geerntet werden.

Mit einem Handrefraktometer kann der Wasser-gehalt des Honigs bestimmt werden.

Refraktometer

Letzte Sicherheit über den Wassergehalt des Honigs bringt die Kontrolle mit einem Refraktometer. Dabei handelt es sich um ein kleines optisches Gerät, das über die Lichtbrechung den genauen Wassergehalt bestimmen kann. Mit einem solchen Refraktometer werden an zwei oder drei Stellen im Honigraum Stichproben gezogen und untersucht. Das kann direkt am Bienenvolk geschehen, bevor die Honigernte eingeleitet wird. Auf ein Glasprisma wird ein dünner Honigfilm aufgetragen und an einer Skala der gemessene Wassergehalt abgelesen. Aus dem Mittelwert der Stichproben lässt sich ein ungefährer Wert errechnen und danach entscheiden, ob schon geerntet werden kann oder ob die Bienen noch etwas Zeit brauchen.

Der Wassergehalt

Lagerfähigkeit Der Wassergehalt gibt Auskunft über die Lagerfähigkeit eines Honigs und sollte möglichst niedrig sein. Denn dann liegt gleichzeitig der Zuckergehalt sehr hoch, und Hefen haben es schwer, sich zu vermehren und damit die Qualität des Honigs zu senken. Ein vergorener Honig ist letztlich nicht mehr als Speisehonig verkehrsfähig und wird bei unseren Kunden ganz sicher auf wenig Begeisterung stoßen.

Grenzwerte Deshalb gibt es Grenzwerte, die unbedingt einzuhalten sind. Die Honigverordnung, also der entsprechende Gesetzestext, fordert einen Wassergehalt von maximal 20,0 %, der keinesfalls überschritten werden darf. Die einzige Ausnahme stellt hier der Heidehonig dar, der bis zu 23,0 % Wasser enthalten darf.

Weitere Vorschriften Daneben gibt es von den Imkerverbänden festgelegte, strenge Vorschriften, so zum Beispiel vom Deutschen Imkerbund e.V., der in seinen Warenzeichenbestimmungen einen maximalen Wassergehalt für Honige im Allgemeinen von 18,0 % und für Heidehonige von 21,4 % festschreibt. Ein dritter Wert liegt bei 17,1 % Wasser im Honig und beschreibt jenen Wert, unter dem eine durch Hefen ausgelöste Gärung nicht mehr möglich ist.

Ziel Somit sollten alle Imker bestrebt sein, einen möglichst wasserarmen Honig zu erzeugen, damit dieser lange lagerfähig, verkehrsfähig und natürlich auch genießbar bleibt.

Wie ernte ich den Honig?

Die Tracht ist zu Ende, der Wassergehalt in den Waben ausreichend gering und das Wetter trocken: Nun kann der Honig geerntet werden. Doch bevor es losgehen kann, muss der Schleuderraum entsprechend hergerichtet werden, und alle Gebrauchsgegenstände sollen sauber bereitstehen. Die Hygiene bei der Honigverarbeitung beginnt dabei bereits am Bienenvolk zu Beginn der Honigsaison.

Honigernte am Bienenvolk

Zur Honigernte wird ein regenfreier Tag gewählt, insbesondere wenn keine Bienenfluchten zum Einsatz kommen und die Waben abgefegt werden müssen. Denn sonst nimmt der Honig in den nicht verdeckelten Wabenzellen zu viel Feuchtigkeit auf und der Wassergehalt steigt wieder an. Außerdem können bei Regenwetter die ansitzenden Bienen nicht vor das Flugloch gefegt werden, da sie hier auskühlen und sterben würden. Vorsicht ist bei der Verwendung von Rauch und anderen Bienenvertreibungsmitteln angezeigt, denn Honig nimmt schnell Fremdgerüche an und bekommt dann einen recht unangenehmen Beigeschmack.

Bei der Honigernte werden nur die großflächig verdeckelten Waben entnommen.

Honigernte mit Bienenfluchten

Bienenfluchten sind ein geeignetes Werkzeug, um mit geringem Zeit- und Arbeitsaufwand die zu erntenden Honigwaben bienenfrei zu bekommen. Dabei handelt es sich um eine Art Schleuse, die von den Arbeiterinnen nur in einer Richtung passiert werden kann, bei Magazinen also in der Regel von oben nach unten. Diese Schleusen werden im Austausch gegen die Absperrgitter eingesetzt, die bislang den Brutraum vom Honigraum getrennt haben. In den folgenden Stunden laufen nun die Honigraumbienen durch kleine Öffnungen in den Bienenfluchten und gelangen so in den Brutraum. Sie zeigen dieses Verhalten, da sie regelmäßig den Kontakt zur Königin suchen und diese durch die Schleusen riechen können. Den Weg zurück finden sie dann nicht mehr oder sie werden sogar durch die Konstruktion der Bienenfluchten gänzlich daran gehindert. Je nach der Anzahl der Bienen im Honigraum und dessen Größe dauert es etwa 24 Stunden, bis fast sämtliche Bienen den Honigraum verlassen haben. Nun kann dieser abgenommen und sogleich bienendicht verstaut werden.

Keinesfalls dürfen für eine zuverlässige Funktion der Bienenfluchten Drohnen oder Waben mit Brut im Honigraum sein, denn dann bleiben auch etliche Arbeiterinnen zurück, um sich um die Brutpflege und die Drohnen zu kümmern, die aufgrund ihrer Körpergröße nicht durch die Öffnungen hindurchpassen. Außerdem ist es notwendig, eine begattete Königin im Volk zu haben, denn sonst fehlt deren Duft, und die Bienen haben keinen Anlass, den Honigraum zu verlassen.

Bienenfluchten erleichtern die Honigernte.

Honigernte durch Abfegen der Waben

Sollen keine Bienenfluchten eingesetzt werden, müssen die Honigwaben durch Abfegen bienenfrei gemacht werden. Ansitzende Bienen lassen sich nur schwer von vollen Honigwaben abschütteln. Besser ist hier die Verwendung eines sauberen Bienenbesens. Mit diesem werden in vielen kleinen und kurzen Schlägen die Bienen von der Wabenfläche eher geschubst als gefegt, da sie sich sonst in den Borsten verfangen und anschließend auch stechen.

Doch das Abfegen ist zeitintensiv und es besteht immer die Gefahr der Räuberei, es muss also sehr zügig gearbeitet werden. Sinnvollerweise beginnt man hier mit der Abnahme des gesamten Honigraums, wobei das Absperrgitter auf den Brutraumrähmchen liegen bleiben kann. Später wird der Honigraum dem Volk zurückgegeben. Sogleich wird die Beute wieder geschlossen und nun mit dem Abfegen der Bienen von den Honigwaben begonnen. Die Bienen sollen dabei am besten unmittelbar vor das Flugloch gekehrt werden, damit sie schnell zurück in ihr Volk finden. Die abgefegten Waben werden schnellstmöglich in bienendichten Transportkisten oder einer Zarge mit Deckel verstaut, damit die Räubereigefahr kleingehalten wird.

Nach 24 Stunden oberhalb der Bienenflucht ist der Honigraum fast bienenfrei und kann abgenommen werden.

In einem sauberen und bienenfreien Raum wird der Honig von der Wabe bis ins Glas verarbeitet.

Um dieses Risiko weiter einzuschränken, kann die Honigernte bereits vor dem morgendlichen Bienenflug durchgeführt werden. In diesem Fall werden zuerst die Fluglöcher aller Völker am Stand verschlossen und anschließend wird die Honigernte wie oben beschrieben durchgeführt. Erst wenn die Arbeit getan ist, können die Bienen durch die dann wieder geöffneten Fluglöcher zurück in die Beuten laufen. Insbesondere bei der Sommerhonigernte kann dieser Trick sehr hilfreich sein und starken Bienenflug oder sogar eine Räuberei verhindern.

Honigernte im Schleuderraum

Die geernteten und bienenfreien Honigwaben haben den Raum erreicht, in dem nun geschleudert werden soll. Dazu ist nicht zwingend ein separater Schleuderraum notwendig, dieses Vorhaben kann in jedem für die Honigschleuderung hergerichteten Raum vorgenommen werden. Doch ein paar Dinge, insbesondere im Interesse der Hygiene, sind zu beachten und als Mindeststandard gefordert. Gleiches gilt für alle Geräte, die bei der Honigverarbeitung einge-

setzt werden sollen ebenso wie für alle Helfer.

Wichtige Hygienemaßnahmen

Als Schleuderraum kann eine zu diesem Zwecke hergerichtete Küche oder ein anderer, sauberer Raum mit gut zu reinigendem Bodenbelag dienen. Zwingend erforderlich ist, dass dieser Raum bienendicht ist, also keine Bienen von außen in den Raum hinein gelangen können. Außerdem soll der Raum hell sein und über einen Wasseranschluss verfügen. Die Nutzung einer Küche beispielsweise schließt gleichzeitiges Zubereiten von Speisen aus. Auch sollen Zimmerpflanzen sowie alle Gegenstände, von denen Gerüche ausgehen, aus dem Raum entfernt werden, um das Honigaroma nicht zu beeinflussen. Erst nachdem der improvisierte Schleuderraum gründlich gereinigt wurde und abgetrocknet ist, dürfen die Honigwaben in den Raum gebracht werden. Haustiere dürfen keinen Zutritt haben und es darf nicht geraucht oder im Raum gegessen werden.

Die Kleidung sollte fusselfrei sein und feste Schuhe sowie ein Haarnetz oder Kopftuch getragen werden.

Ein Eimer mit einem Wischtuch für den Boden, mit dem Honigtropfen sofort aufgenommen werden können, und ein zweiter Eimer mit klarem Wasser zum Abwischen der Oberflächen stehen bereit. Regelmäßig müssen die Hände gewaschen und abgetrocknet werden. Dafür wird ein anderes Handtuch verwendet als für die Gebrauchsgegenstände, die bei der Honigverarbeitung gebraucht werden.

Die Schleuder und alle weiteren Geräte müssen vor Beginn der Arbeit gründlich gewaschen und getrocknet sein, dabei sollte nur klares Wasser Verwendung finden, um keine Reinigungsmittelreste in den Honig gelangen zu lassen. Honigsiebe und andere mit Wachsteilen in Kontakt gekommene Gegenstände dürfen zunächst nur mit kaltem Wasser gewaschen werden, da sonst das weich werdende Bienenwachs kaum noch zu entfernen sein wird und die Siebmaschen verstopft. Erst anschließend kann heißes Wasser eingesetzt werden.

Die Arbeit kann beginnen

Sind alle Vorbereitungen getroffen und ist der Raum hergerichtet, können die vollen Honigwaben hereingebracht werden. In vielen Imkerfamilien helfen jetzt alle mit und die Honigernte wird ein kleines Fest.

Schließlich zeigt sich jetzt der Lohn für die Arbeit mit den Bienen und der Imker wird für seine Fürsorge und Pflege belohnt. Der Augenblick, in dem der erste Honig aus der Schleuder läuft, ist ein großartiges Ereignis und immer wieder Anlass zu besonderer Freude. Doch bis der Honig als Spitzenerzeugnis im Glas auf dem Frühstückstisch steht, ist noch eine Menge zu tun.

Wie werden die Waben entdeckelt?

Mit einer breiten Entdeckelungsgabel werden zunächst die Wachsdeckel auf beiden Seiten der Waben entfernt. Dazu werden die Zinken jeweils in voller Länge unter die Zelldeckel geschoben und dann abgehoben, bevor der nächste Abschnitt entdeckelt wird. Wird die Gabel direkt über die volle

Mit einer Entdeckelungsgabel werden vor dem Schleudern die Zelldeckel entfernt.

Wabenhöhe eingesetzt, verschieben sich die Zellwände und in der Folge löst sich der Honig nur schwer aus der zusammengeschobenen Honigzelle. Während des Entdeckelns muss die Wabe festgehalten werden, aber Vorsicht vor den spitzen Zinken der Gabel. Besonders leicht geht diese Arbeit bei Verwendung eines kleinen Entdeckelungsgeschirrs, also einer Auflagevorrichtung für die Wabe mit einer darunter befindlichen Auffangwanne für den abtropfenden Honig. In eine solche Wanne ist ein Sieb direkt integriert, das den Honig vom Entdeckelungswachs trennt.

In der Honigschleuder wird durch Fliehkraft der frische Honig aus der Wabe geschleudert.

Aus dem Ablaufhahn läuft der Honig durch ein Sieb in die Honigeimer.

Wie wird der Honig geschleudert?

Die entdeckelten Waben kommen nun in die Honigschleuder. Hier werden zwei Grundtypen unterschieden.

Tangentialschleuder Zum einen gibt es die sogenannten Tangentialschleudern, zu denen auch die Selbstwendeschleudern gehören. Bei diesen Modellen zeigt jeweils nur eine Wabenseite nach außen zum Schleuderkessel, weshalb die Waben zwischenzeitlich gedreht werden müssen. Es wird also zunächst die erste Seite angeschleudert, aber nicht vollständig geleert. Nach dem Umdrehen der Waben kann die zweite Seite direkt vollständig leer geschleudert werden, bevor nach erneutem Wenden die erste Seite final geleert werden kann. Verzichtet man hier auf das mehrmalige Wenden, besteht die Gefahr des Wabenbruchs. Bei Tangentialschleudern müssen die Waben mit der unteren Rähmchenleiste in der Drehrichtung nach vorne zeigen, denn die Wabenzellen sind leicht nach oben geneigt und können nur bei dieser Wabenanordnung vollständig leer geschleudert werden.

Im Sieb werden Wachsteile zurückgehalten, die sich beim Schleudern von der Wabe gelöst haben.

Ist der Honig reif?

Als Faustregel zur Erkennung der Honigreife kann man sich Folgendes merken:

» Honigtürmchen im Sieb und im Eimer nach oben = Daumen nach oben = alles in Ordnung!

» Honigtrichter im Eimer nach unten = Daumen nach unten = Der Wassergehalt ist zu hoch!

Radialschleuder Den zweiten Schleudertyp bezeichnet man als Radialschleuder. Hier stehen die Waben sternförmig angeordnet mit dem Rähmchenoberträger nach außen weisend. Diese Anordnung dient wiederum der vollständigen Entleerung der Waben. Ein großer Vorteil dieser Schleudern: Die Waben müssen, nicht zwischenzeitlich gewendet werden und bei gleichem Kesseldurchmesser ist die Aufnahmekapazität höher als bei den Tangentialschleudern. Auf der anderen Seite ist die Wabenbruchgefahr größer, da die Waben nicht flächig an einem Gitter aufliegen und leichter dem Honiggewicht und der Fliehkraft nachgeben. Bei beiden Typen beginnt man einen Schleuderdurchgang zunächst mit niedriger Drehzahl, die dann langsam gesteigert wird.

Wie wird der Honig weiterverarbeitet?

Am Boden der Schleuder sammelt sich der erste eigene Honig. Doch bis dieser als Premiumprodukt auf dem Frühstückstisch steht, ist noch einiges zu beachten. Denn die hochwertigen Inhaltsstoffe sind empfindlich und nur durch behutsamen Umgang werden sie geschont und erhalten.

Honig sieben

Schließlich ist der große Moment gekommen und der Ablaufhahn der Schleuder wird das erste Mal geöffnet. Dickflüssiger, bernsteinfarbener Honig ergießt sich zunächst in ein grobmaschiges Honigsieb und legt sich in breiten Falten hinein. Durch sein eigenes Gewicht drückt er sich hindurch, um nach einer zweiten, diesmal engmaschigeren Siebpassage schließlich von einem Honigeimer aufgefangen zu werden. Das ist der Augenblick, auf den alle gewartet haben, und sogleich offenbart sich ein Hinweis auf den Wassergehalt dieses Honigs: Türmt er sich beim Auftreffen auf das Sieb und später im Eimer zu einem kleinen Berg auf, ist der Wassergehalt niedrig und es besteht keine Gärungsgefahr. Fließt er jedoch nahezu ungebremst durch das Sieb hindurch und bildet der auftreffende Honigstrahl im Eimer einen kleinen Trichter, so ist der Wassergehalt kritisch zu sehen und unbedingt zu kontrollieren. Nicht, dass der Lohn der vielen Arbeit durch eine vermeidbare Gärung zunichte gemacht wird. Sollte sich ein zu hoher Wassergehalt herausstellen, kann durch Vermischen mit trockenerem Honig oder sehr kühle Lagerung eine Gärung verhindert werden.

Honigklärung und Abschäumen

Nach dem Sieben des Honigs, bei dem alle größeren Wachsteile zurückgehalten wurden, bleibt der Honig für einen Tag im verschlossenen Eimer stehen. Während dieser Ruhephase steigen kleinste Wachspartikel und Luftblasen an die Oberfläche auf und können anschließend abgenommen werden. Sollte es sich hier um eine dicke Schaumschicht handeln, kommen zunächst eine Teigkarte und ein großer Löffel zum Einsatz. Ist es hingegen nur ein dünner Schaumfilm, legt man einen Bogen Backpapier im passenden Zuschnitt auf die Honigoberfläche, drückt dieses leicht an und zieht es wie ein Pflaster wieder ab. An der Papierunterseite bleiben alle kleinen Partikel und der Schaum haften. Dieser Vorgang kann mehrfach in den nächsten Tagen wiederholt werden, bis der Honig absolut sauber ist. Erst anschließend beginnen die weiteren Verarbeitungsschritte.

Rühren und Impfen

Frisch geernteter Honig ist zu Beginn immer flüssig, doch in Abhängigkeit seines Fruchtzucker-Traubenzucker-Verhältnisses setzt bei Zimmertemperatur bald ein Kandierungsprozess ein, an dessen Ende der Honig eine feste Konsistenz angenommen haben wird. Dies kann so weit gehen, dass ein Honig seine Streichfähigkeit verliert und dann von vielen Konsumenten nicht sonderlich geschätzt wird. Gerade die besonders traubenzuckerhaltigen Honige und jene mit einem niedrigen Wassergehalt von unter 16 % zeigen dieses Merkmal. Doch hier kann durch gezielte Honigbearbeitung während des Kandierungsprozesses gegengesteuert werden.

Durch regelmäßiges Rühren des Honigs werden die entstehenden Zuckerkristallverbindungen immer wieder zerstört, so dass am Ende zwar sehr viele, aber dafür entsprechend kleine Kristalle vorhanden sind. So bleibt die Streichfähigkeit des Honigs garantiert und aufgrund ihrer geringen Größe sind die Zuckerkristalle auf der Zunge nicht mehr spürbar.

Beim ersten Abschäumen wird der Schaum mit einer Teigkarte von der Oberfläche abgenommen.

Ein zurechtgeschnittenes Backpapier wird auf den Honig gelegt und leicht angedrückt.

Um dieses Ziel zu erreichen, wird ein abgeschäumter Honig täglich ein- bis zweimal gründlich durchmischt und für einige Minuten mit möglichst geringer Umdrehungszahl gerührt. Bei sehr hohen Drehzahlen gelangt Luft in den Honig und dieser wird aufgeschlagen wie Schlagsahne. Das ist in jedem Fall zu vermeiden.

Das tägliche Rühren beginnt man, sobald der Honig erste Anzeichen der Trübung erkennen lässt und führt es solange fort, bis der Honig gerade noch fließfähig ist und in Gläser abgefüllt werden kann.

Um das Einsetzen des Kandierungsprozesses zu beschleunigen oder die Kristallgröße zu steuern, kann ein bereits auskandierter und feincremiger Honig dem nun zu rührenden Honig untergemischt werden. Dazu gibt man etwa 5 % fertigen Honig als Impf- oder Starterhonig in den frischen Honig hinein und beginnt anschließend das tägliche Rühren. Das Resultat werden Kristallkörner sein, die denen des zugegebenen Honigs entsprechen. In Abhängigkeit von Wassergehalt, Umgebungstemperatur und Zuckerverhältnis

dauert der Kandierungprozess wenige Tage bis zu mehreren Wochen und kann durch die Zugabe von Starterhonig deutlich verkürzt werden. Optimal ist ein Wassergehalt von etwa 16 bis 18 % bei einem möglichst hohen Traubenzuckeranteil und einer Raumtemperatur, die idealerweise bei 14 bis 18 Grad liegt.

Welches Rührgerät setze ich ein?

Ob der Honig maschinell oder von Hand gerührt wird, ist nicht so entscheidend für das Ergebnis. Viel wichtiger ist das regelmäßige und blasenfreie Rühren oder Stampfen. Dazu gibt es Rührstäbe, die in das Bohrfutter einer Bohrmaschine eingespannt werden, oder Honigstampfer, die an überdimensionierte Kartoffelstampfer erinnern. Beide Techniken sind gleichermaßen geeignet, doch muss Metallabrieb in jedem Fall vermieden werden. Deshalb darf nicht mit einem Metallrührwerk in einem Edelstahlgebinde gerührt werden. Um ein gutes Resultat zu erzielen ist es notwendig, den gesamten Honig bis zum Gebinderand, gut zu durchmischen. Es darf nicht nur in

Das Backpapier wird wie ein Pflaster abgezogen, die kleinen Schaumreste bleiben daran haften.

Der jetzt saubere Honig kann anschließend gerührt und weiterverarbeitet werden.

der Mitte gerührt werden. Gerade zum Ende des Rührprozesses ist das Rühren von Hand eine anstrengende Angelegenheit. Deshalb sollten besser nur 25 kgfassende Honigeimer verwendet werden. Auch sind sie im Vergleich zu den größeren Hobbocks mit 40 Kilo Fassungsvermögen rückenschonender zu bewegen.

Wie wird der Honig abgefüllt?

Sobald der Honig seinen optimalen Kandierungszustand erreicht hat, wird er in die Verkaufsgebinde, meist in Honiggläser, abgefüllt. Am besten eignet sich dazu ein

Ein Abfüllkübel mit Quetschhahn erleichtert das Abfüllen der korrekten Honigmenge.

Abfüllkübel mit Quetschhahn, in den der gerührte Honig nun eingefüllt wird. Hier lässt man ihn für eine weitere Stunde ruhen, um die beim Umfüllen hinein geratenen Luftblasen aufsteigen zu lassen. Verzichtet man darauf, zeigen sich später in allen Gläsern Lufteinschlüsse im Honig.

Der Abfüllkübel wird etwas erhöht aufgestellt, so dass Honigglas und Waage unter dem Ablaufhahn Platz finden. Schließlich kann nun das Ventil vorsichtig geöffnet und das erste Glas befüllt werden. Die Honigsäule im vollen Kübel erzeugt dabei hohen Druck, so dass hier besonders behutsam vorgegangen werden sollte. Auch bei diesem Arbeitsgang ist wie schon zuvor beim Schleudern und Rühren auf Sauberkeit penibel zu achten und geeignete, saubere Kleidung zu tragen. Das Eichgesetz fordert die Verwendung einer geeichten Waage um sicherzustellen, dass das angegebene Füllgewicht auch tatsächlich erreicht worden ist. Dabei sind gewisse Toleranzen zulässig. Unmittelbar nach dem Befüllen werden die Gläser fest verschlossen und können anschließend mit Etiketten für die Vermarktung versehen werden. Bis der Honig jedoch seinen festen Endzustand erreicht hat und nicht mehr fließfähig ist, sollten die Gläser möglichst wenig bewegt werden, um Honiganhaftungen am Glasrand oder an der Deckelinnenseite zu vermeiden.

Was steht auf dem Etikett?

Bevor die vollen Honiggläser ihr Etikett bekommen, wird ein letztes Mal der Deckel kontrolliert und nachgedreht, erst jetzt kann das Etikett aufgebracht werden. Dabei ist zum einen dem Kunden deutlich zu machen, dass zwischen dem abfüllenden Imker und ihm keine Manipulation am Glas statt gefunden hat, etwa durch ein Deckelsiegel. Zum anderen fordert die Fertigpackungsverordnung mehrere Angaben im Sichtfeld des Etiketts, also auf der Vorderseite in unverwischbarer und deutlich lesbarer Schrift von mindestens vier Millimetern Größe. Hier sind anzugeben:

1. Name und Anschrift des Herstellers oder Abfüllers mit Sitz in der EU.
2. Produktbezeichnung, hier also der Begriff Honig
3. Füllgewicht in Gramm
4. Mindesthaltbarkeitsdatum
5. Losnummer
6. Ursprungsland

Eine Sortenangabe ist nicht erforderlich. Wird eine Honigsorte angegeben, muss diese Angabe auch korrekt sein und ist im Zweifel besser zu unterlassen.

Das Mindesthaltbarkeitsdatum soll Monat und Jahr angeben, bis zu dem der Honig seine Mindestqualitätsanforderungen erfüllt. Es ist jedoch kein Verfallsdatum und von diesem zu unterscheiden. Mit der Losnummer lässt sich die Herkunft jedes einzelnen Glases aus einer Imkerei nachweisen. Sie wird für jede Abfüllung neu vergeben und bezieht sich auf eine Partie homogen durchmischten Honigs aus einem Kübel. Die Losnummer muss mit dem Großbuchstaben „L" beginnen und besteht im Folgenden aus einer frei zu wählenden Buchstaben- und Zahlenkombination, die jedes Glas einer Abfüllung zuordnen lässt.

Selbstkontrolle und Rückstellprobe

Sinnvoll ist es in jedem Fall, schon vor der anstehenden Honigernte einmal alle Ab-

läufe gedanklich durchzuspielen und eine Liste zusammenzustellen, in der diese festgehalten werden. An einer solchen Checkliste kann man sich orientieren und hier vermerken, welche Kontrollmechanismen bei der gesamten Produktion die Qualität des Honigs sicherstellen sollen. Dazu kann eine Liste zur Vorbereitung des Schleuderraums gehören oder ein Kontrollmoment vor dem Entdeckeln, bei dem man sich von der Brutfreiheit der Waben oder dem honigtypischen Aroma überzeugt. Beispielsweise kann protokolliert werden, wann die Honiggläser gespült wurden und ob eine Kontrolle auf Glasabsplitterungen vorgenommen wurde. Zur Vervollständigung der Selbstkontrolle gehört dann eine Rückstellprobe, d. h. ein befülltes Glas wird nicht verkauft, um für den Fall einer Anschuldigung gegen den Imker seine Unschuld beweisen zu können. Hier spielen dann auch die Protokolle der Honigernte eine Rolle, zeigen sie doch auf, wie intensiv man sich mit der Schadensprävention und den Hygienevorschriften auseinandergesetzt hat.

Angaben zum Imker, der Füllmenge und eine Produktbezeichnung gehören auf das Etikett.

Lebensmittelhygiene

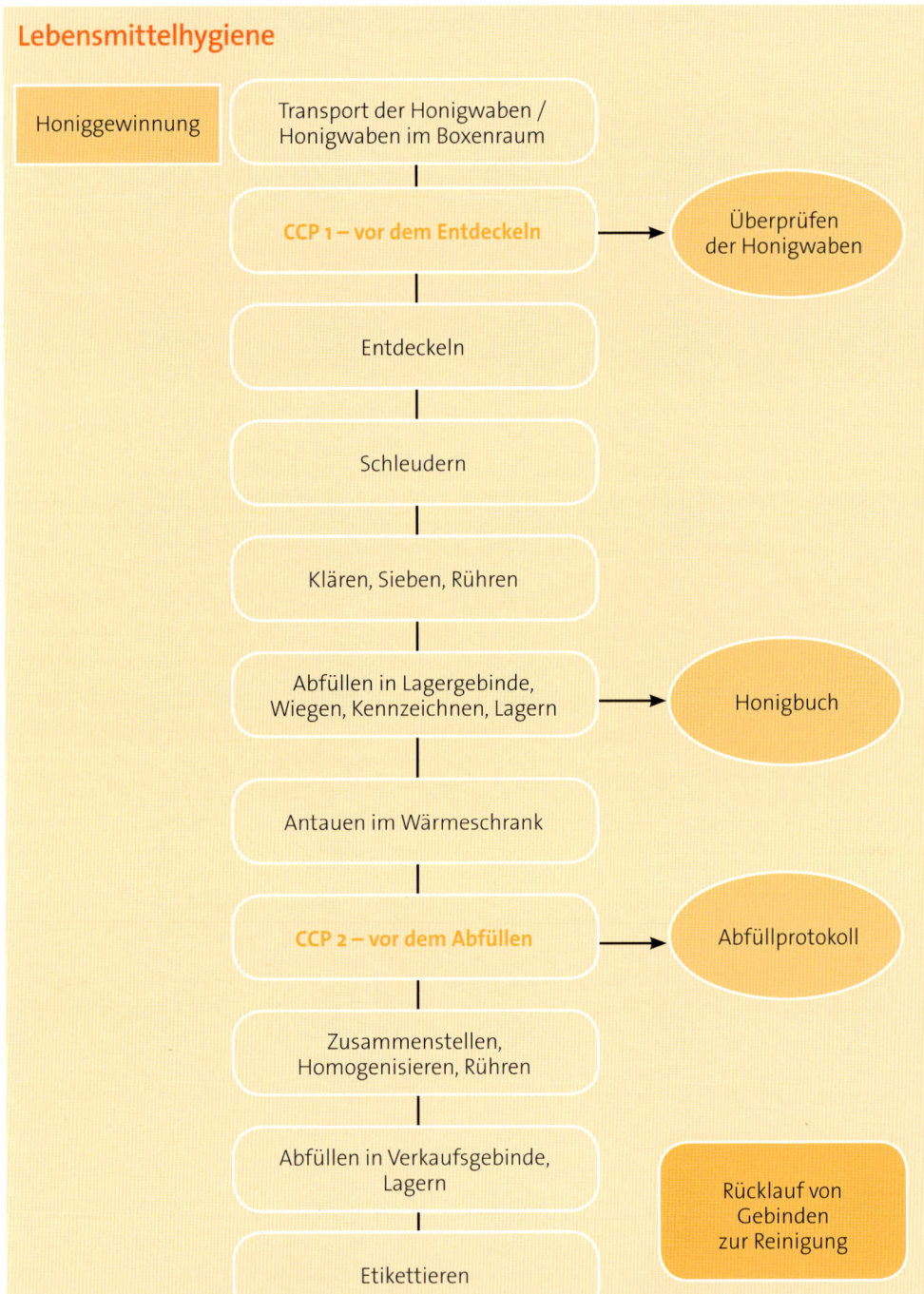

Honiggewinnung

Transport der Honigwaben /
Honigwaben im Boxenraum

CCP 1 – vor dem Entdeckeln → Überprüfen der Honigwaben

Entdeckeln

Schleudern

Klären, Sieben, Rühren

Abfüllen in Lagergebinde,
Wiegen, Kennzeichnen, Lagern → Honigbuch

Antauen im Wärmeschrank

CCP 2 – vor dem Abfüllen → Abfüllprotokoll

Zusammenstellen,
Homogenisieren, Rühren

Abfüllen in Verkaufsgebinde,
Lagern

Rücklauf von
Gebinden
zur Reinigung

Etikettieren

Prozesschritte und Kontrollpunkte

Transport der Honigwaben
» saubere, geruchsneutrale Transportkisten (Zargen)
» verschlossen transportieren

CCP 1 – vor dem Entdeckeln

Überprüfung der Honigwaben
mittels visueller Kontrolle auf
» Fremdkörper (Holz, Metall)
» Fremdgeruch
» Sauberkeit
» Freisein von Bienen und Brut
» Freisein von Schimmel
» intakte Holzrähmchen
» Honigreife
» keine Gärung unter Verdeckelung
Dokumentation
» Schleuder-Nummer,
» Ernteort und ggf. Völkergruppe,
» Erntedatum,
» ggf. Bemerkungen

Wachsüberbau von Rähmchenoberträgern entfernen
Entdeckeln
Waben schleudern

Rücklauf von Gebinden zur Reinigung
» vorreinigen
» vorhandene Etiketten entfernen
» Deckel reinigen
» Reinigung der Gläser in der Spülmaschine (mit zugelassenen Reinigungsmitteln)
» Trocknung in sauberen Behältnissen
» kopfüber sauber und trocken lagern
» neue Gläser müssen ebenfalls gereinigt werden Ausnahme:
1. Das Werk garantiert den einwandfreien Hygienestatus,
2. die Gläser wurden seitens des Werkes in der Verpackung mit Folie eingeschweißt und
3. diese Folie blieb bis zur hygienischen Verwendung unverletzt.

CCP 2 – vor dem Abfüllen

Überprüfung
organoleptische und visuelle Kontrolle
» Geruch » Geschmack » Sauberkeit » Gärung
Dokumentation
» Abfüll-Nummer » Datum » Anzahl Gläser
» Gewährverschluss-Nummer » Schleuder- Nummer » Sortenangabe » MHD/Losnummer

Abfüllen in Verkaufsgebinde
» geeichte Waage, überprüfte Waage
» visuelle Kontrolle der Gläser, Deckel und Deckeleinlagen
» auf sauberen, intakten und trockenen Zustand achten
» Abfüllen und mit Deckel verschließen
» Deckel der Gläser später, vor dem Etikettieren nachziehen.
» Etikettieren der Gläser mit MHD, Losnummer, Füllgewicht etc.

Quelle: Dr. Werner von der Ohe, Celle

Risikobeurteilung der Produktion und Lenkungsmöglichkeit
(gesundheitliche Gefahr – Bewertung – Lenkungsmöglichkeit
Räumlichkeiten
Verunreinigung: Schmutz, Bienen, Reinigungsmittel, Fremdgerüche
» mittlere Gefahr
» für Sauberkeit und Hygiene sorgen
» Sicht- und Geruchskontrollen durchführen
Geräte / Maschinen
Verunreinigung: Schmutz, Fremdgerüche
» geringe Gefahr
» für Sauberkeit und Hygiene sorgen
» Sicht- und Geruchskontrollen durchführen
Waben
Verunreinigung: Kot, Schmutz, Holzsplitter, Wabenschimmel
» mittlere Gefahr
» regelmäßige Kontrolle, Aussonderung von Waben
» für Sauberkeit und Hygiene sorgen

Honig vermarkten

Den selbst erzeugten Honig zu verkaufen, erscheint vielen Neuimkern zunächst als große Herausforderung. Doch schnell wird klar, dass ein hochwertiges Produkt viele Liebhaber und Abnehmer findet, die auch bereit sind, einen angemessenen Preis dafür zu zahlen. Deshalb sollte der eigene Honig auch nicht in großem Stil verschenkt oder zu Niedrigpreisen angeboten werden. Um die ersten Kunden zu werben, genügt meist schon das Erzählen von der eigenen Bienenhaltung oder ein kleines Probierglas wird zum gemeinsamen Frühstück mit Kollegen oder Freunden mitgebracht. Bald wird sicher die Nachfrage steigen.

Dort, wo es sich anbietet, kann eine Selbstbedienungstheke mit einer kleinen Kasse angebracht werden. Viele Kunden honorieren das Vertrauen, das ihnen entgegen gebracht wird, und nur in Ausnahmefällen wird Honig entnommen, ohne dass dafür bezahlt wurde. Ihr Honig ist so rund um die Uhr verfügbar und der Kunde kann sich bedienen.

Kleinere Basare oder Frühlingsfeste im Wohnort sind willkommene Gelegenheiten, sich und sein Produkt vorzustellen, oder sprechen Sie Ihren Bäcker an, der dann vielleicht Ihren Honig mit verkauft. Wege zur Vermarktung gibt es viele – lassen Sie sich etwas einfallen!

Auf einem Weihnachtsmarkt kann der Imker sich und seine Produkte vorstellen und neue Kunden gewinnen. Bienenwachskerzen ergänzen dabei das Honigsortiment.

Wie ernte ich das Bienenwachs?

Die Waben der Honigbienen bestehen aus Bienenwachs, das chemisch betrachtet ein Fett darstellt. Dieses Wachs ist ein wertvoller Rohstoff für Mittelwände, Kerzen und kosmetische Produkte und sollte daher schonend gewonnen werden.

Welche Waben werden eingeschmolzen?

Die Wachsgewinnung steht für den Imker nicht im Vordergrund. Wachs ist eher als Nebenprodukt zu betrachten, das bei der Aufbereitung entnommener Altwaben anfällt. Hinzu kommt das Wachs der ausgeschnittenen Drohnenrahmen, das Entdeckelungswachs, das bei der Honigernte anfällt, sowie alle Wabenteile und Wachsüberbauten, die bei der Bearbeitung der Völker entfernt wurden. Außerdem werden zum Saisonende alle bebrüteten Waben, die nicht in den Völkern hängen, eingeschmolzen. Nur unbebrütete und fehlerfreie Waben, also jene ohne Drohnenzellen, werden über den Winter verwahrt und können im nächsten Jahr wieder eingesetzt werden. So erreicht man eine Wachsausbeute von rund einem Kilogramm je Bienenvolk und Jahr.

Welchen Wachsschmelzer verwenden?

Sonnenwachsschmelzer Für kleine Imkereien oder Bienenstände ohne Stromanschluss empfehlen sich Sonnenwachsschmelzer, die meist zwei oder drei Waben gleichzeitig aufnehmen können. Die Waben liegen hier auf einer dunklen Unterlage und werden mit einem Glas- oder Kunststoffdeckel abgedeckt. Das Ganze wird dann in die Sonne gestellt, so dass wie in einem Mini-Gewächshaus die Temperatur ansteigt und sich das Wachs aus der Wabe verflüssigt. Da die Grundfläche geneigt ist, läuft das Wachs ab und die Feststoffe bleiben zurück. Je nach Sonnenstand kann so nach bereits 20 Minuten der nächste Durchgang erfolgen. Diese Geräte arbeiten sehr kostengünstig, sind dafür aber witterungsabhängig. Die Wachsausbeute beträgt etwa 50–60 % bei Altwaben und an die 90 % bei Entdeckelungswachs. Der Rest bleibt im Trester zurück.

Dampfwachsschmelzer Bei etwas größeren Völkerzahlen oder zur Unabhängigkeit vom Wetter eignen sich kleine Dampfwachsschmelzer. Bei solchen Geräten wird

In einem Dampfwachsschmelzer lassen sich Altwaben, Drohnenbrut und Entdeckelungswachs schnell einschmelzen.

mit Gas oder elektrisch Wasserdampf erzeugt, der in eine Kammer eingeblasen wird, in der sich die Waben befinden. Durch die Hitze verflüssigt sich das Wachs und läuft durch einen Siebeinsatz ab, der die Feststoffe zurückhält. Bei einem Gerät mit 2.000 W Leistung lassen sich so 10 bis 12 Waben in 20 Minuten einschmelzen.

Besonders für die Aufarbeitung von Drohnenwaben eignen sich solche Geräte, da mit ihnen diese Waben ohne Verzögerung verarbeitet werden können und nicht gelagert werden müssen. Der Ertrag liegt bei etwa 60–70 % bei Altwaben und 90 % bei Entdeckelungswachs.

Wie verarbeite ich das Wachs?

Das Wachs aus dem Schmelzer muss nun weiterverarbeitet werden, entweder um später daraus neue Mittelwände zu fertigen oder um es für Kerzen oder Ähnliches zu verwenden. Dazu muss das Rohwachs gereinigt werden. In einem Edelstahltopf wird es mit etwas Regenwasser erneut aufgekocht und so wieder verflüssigt. Regenwasser ist besonders weich und deshalb besonders geeignet. Das flüssige Wachs wird dann durch ein Tuch in einen Eimer gegossen, in dem sich bereits etwas heißes Wasser befindet. Sonst würde das Wachs dort sofort erstarren. Das Tuch hält alle groben Verunreinigungen zurück. Nach dem Abkühlen des Wachses im Eimer befinden sich die feinen Schwebstoffe an der Unterseite des Wachsblockes und können von dort mit dem Stockmeißel abgekratzt werden. Soll das Wachs für die Kerzen- oder Kosmetikherstellung verwendet werden, muss dieser Vorgang mehrfach wiederholt werden. Für die Anfertigung neuer Mittelwände genügt ein Reinigungsdurchgang.

Wie komme ich zu neuen Mittelwänden?

Das eingeschmolzene und gereinigte Wachs kann jetzt zu Mittelwänden verarbeitet werden. Für die meisten Freizeitimker lohnt jedoch die Anschaffung einer solchen Presse nicht. Doch viele Imkervereine verfügen über eine kleine Gussform, die man sich ausleihen kann, um die eigenen Mittelwände herzustellen. Ist das nicht der Fall,

Mehrere Reinigungsschritte sind nötig, um am Ende wirklich sauberes Bienenwachs zu erhalten.

Aus reinem Rohwachs können Mittelwände oder auch Bienenwachskerzen hergestellt werden.

können sich mehrere Imker zusammenschließen und ihr Wachs gemeinsam an einen Betrieb geben, der daraus Mittelwände anfertigt. Manche Imkereifachhändler oder Behindertenwerkstätten bieten diesen Service an. So bleibt gewährleistet, dass man Mittelwände aus seinem eigenen Wachs bekommt.

Wachs selbst verarbeiten?

Manche Imkereifachhändler nehmen trockene Altwaben, also Waben ohne Futter und Brut, an und tauschen diese gegen fertige Mittelwände ein. Auch Blockwachs kann so eingetauscht werden, lediglich eine Umarbeitungsgebühr ist dann zu zahlen oder ein ungünstigerer Umtauschkurs in Kauf zu nehmen. Besonders für Freizeitimker, die gerade mit der Bienenhaltung beginnen, lohnt die eigene Wachsverarbeitung finanziell betrachtet nicht, und so wird das Altwachs doch noch sinnvoll eingesetzt.

Lohnt sich die Mühe?

Ja! Denn Bienenwachs ist ein Speichermedium für viele Rückstände aus Tierarzneimitteln und Pflanzenschutzmitteln. Und diese Rückstände sind in vielen Mittelwänden leider enthalten, wenn gleich in sehr geringer Konzentration. Je nach Wirkstoffkonzentration im Wachs kommt es in der Folge zu einer Verunreinigung des Honigs aus diesen Mittelwänden.

Die wenigen großen Wachs verarbeitenden Betriebe in Deutschland bekommen Altwachs von unzähligen Imkern angeliefert und fertigen aus diesem Wachs neue Mittelwände. Somit gibt es einen starken Verdünnungseffekt, aber eben auch eine Streuung. Auf dem Markt sind auch soge-

Mit den Mittelwänden aus dem eigenen Wachs schließt sich der Wachskreislauf.

nannte rückstandsarme Mittelwände zu bekommen, doch wirklich ganz sicher ist nur, wer seinen eigenen Wachskreislauf betreibt.

Am Ende dieses Buches bleibt mir nur der Appell: Versuchen Sie, im Einklang mit der Natur und mit Verständnis für die Lebensweise unserer Honigbienen zu imkern und viel Freude und Ruhe in dieser Freizeitbeschäftigung zu finden. Nur wenn es gelingt, unsere Vorstellungen der Bienenhaltung mit den Bedürfnissen der Bienen zu vereinen, werden wir erfolgreiche Imker sein. Ich wünsche Ihnen dabei viel Erfolg!

Aus Bienenwachs lassen sich Kerzen in allen nur erdenklichen Formen gießen.

Service

Bücher zum Weiterlesen bei KOSMOS

Imkern für Einsteiger
Bienefeld, Kaspar: **Imkern Schritt für Schritt.** 2005
Pohl, Friedrich: **1 x 1 des Imkerns.** 2009

Imkern für Fortgeschrittene
Bentzien, Claudia: **Ökologisch Imkern.** 2006
Pohl, Friedrich: **Moderne Imkerpraxis – Völkerpflege und Ablegerbildung.** 2010

Bienengesundheit
Pohl, Friedrich: **Varroose – erkennen und erfolgreich bekämpfen.** 2008
Pohl, Friedrich: **Bienenkrankheiten – Vorbeugung, Diagnose und Behanldung.** 2005

Bienenprodukte
Bort, Rosemarie: **Honig, Pollen, Propolis – Sanfte Heilkraft aus dem Bienenstock.** 2010

Bienenweide
Pritsch, Günter: **Bienenweide – 200 Trachtpflanzen erkennen und bewerten.** 2007

Hilfreiche Adressen
Eine ausführliche Aufstellung der Adressen aller Verbände, Forschungsinstitute, Bienenmuseen und Imker-Zeitschriften finden Sie auf der Homepage des Deutschen Imkerbundes e.v. unter www.deutscherimkerbund.de.

Mehr vom Autor finden Sie unter www.honig-aus-muenster.de.

Ich sage Danke
Dieses Buch ist mit der Unterstützung vieler Freunde entstanden, denen ich herzlich danken möchte.
Frau Dr. Sigrid Liesenfeld aus Wachtberg hat das Manuskript gelesen und Verbesserungsvorschläge ausgearbeitet. Frau Dr. Ingrid Illies aus Veitshöchheim stand mir beratend zur Seite und hat mit Bildmaterial ausgeholfen, wenn sonst kein Foto zur Verfügung stand. Frau Dr. Christine Unsöld aus Münster danke ich für die Mühe, die sie sich beim Korrekturlesen gemacht hat, und für ihre vielen konstruktiven Anregungen. Meiner Berufskollegin, Frau Imkermeisterin Dorothea Heiser aus Lengfurt, danke ich für die fachliche Beratung und Hilfestellung.

Herrn Dr. Werner von der Ohe aus Celle danke ich für die Grafiken zur Honighygiene sowie für Fotomaterial.
Herr Olaf Bader aus Münster hat mir bei der didaktischen Ausarbeitung der Kapitel geholfen.
Für das Fehlersuchen und -finden bedanke ich mich bei Herrn Gerhard Heinrich Kock aus Münster und bei seiner Frau Ellen Bultmann für das Titelfoto.
Dem Kosmos-Verlag und insbesondere Frau Salata danke ich für die Realisierung dieses Buches.
Mein Partner Michael Aschmoneit hat mir während des Schreibens den Rücken freigehalten und mich tatkräftig unterstützt. Ihm gilt mein besonderer Dank.

Register

Bildnachweis

Mit 171 Fotos von Katrin Jünemann, Westfälische Nachrichten Münster (S. 4), Dr. Ingrid Illies (S. 16 links), Ellen Bultmann (S. 96) und Dr. Werner von der Ohne (S. 102 rechts und 103 links). Alle weiteren Fotos und Grafiken von Dennis Schüler.

Impressum

Umschlaggestaltung von eStudio Calamar unter Verwendung von vier Farbfotos von Ellen Bultmann (großes Motiv) und Dennis Schüler (kleine Motive) .

> Alle Angaben in diesem Buch erfolgen nach bestem Wissen und Gewissen. Sorgfalt bei der Umsetzung ist indes dennoch geboten. Der Verlag und der Autor übernehmen keinerlei Haftung für Personen-, Sach- oder Vermögensschäden, die aus der Anwendung der vorgestellten Materialien und Methoden entstehen könnten.

Unser gesamtes lieferbares Programm und viele
weitere Informationen zu unseren Büchern,
Spielen, Experimentierkästen, DVDs, Autoren
und Aktivitäten finden Sie unter **www.kosmos.de**

MIX
Papier aus verantwor-
tungsvollen Quellen
FSC® C022125

Gedruckt auf chlorfrei gebleichtem Papier

© 2011, Franckh-Kosmos Verlags-GmbH & Co. KG, Stuttgart
Alle Rechte vorbehalten
ISBN 978-3-220-12757-5
Gestaltungskonzept: eStudio Calamar
Gestaltung und Satz: DOPPELPUNKT, Stuttgart
Redaktion: Claudia Salata
Produktion: Eva Schmidt
Printed in Germany/Imprimé en Allemagne